단테움

토마스 L. 슈마허

단테움

이탈리아 파시즘 치하 건축, 시학 그리고 정치학

조르조 치우치의 서문

송종열 옮김

서울하우스

단테움

지은이	토마스 L. 슈마허
옮긴이	송종열
펴낸이	박윤준

펴낸곳	(주)서울하우스
등 록	1997년 5월 20일 등록번호: 제16-1470호
주 소	03994 서울특별시 마포구 양화로 183, 1015호
전 화	02-325-0421
인 쇄	인타임

발 행	2022년 5월 15일

ISBN	978-89-87578-50-7 93540
정 가	20,000원

TERRAGNI E IL DANTEUM by Thomas L. Schumacher
Copyright © exactly same as appeared in original 2nd edition (1983)
All rights reserved.
This Korean edition was published by Seoul House Ltd. in 2021 by arrangement with
OFFICINA EDIZIONI through KCC(Korea Copyright Center Inc.), Seoul.

본 저작물의 한국어판 저작권은 한국저작권센터(KCC) 에이전시를 통한 저작권자와의
독점계약으로 (주)서울하우스가 소유합니다.
저작권법에 의하여 대한민국 내에서 보호 받는 저작물이므로 무단 전재와 복제를 금합니다.

마샤, 제리, 콜린, 줄리우스, 패티를 위해

단테 알리기에리
데스마스크

차 례

- 17 　문고판 서문
- 21 　첫 번째 영문판 서문 및 감사의 글
- 25 　서문: 조르조 치우치

- 37 　제1장
  　　단테움 프로젝트
- 79 　제2장
  　　테라니와 그의 소스들: 고대적인 것과 현대적인 것
- 115 　제3장
  　　단테움 설계: 과정과 선례들
- 139 　제4장
  　　테라니와 단테: 물질성과 초월성
- 169 　제5장
  　　단테움 보고서

- 207 　기록문서
- 220 　참고문헌
- 222 　옮긴이의 글

도판 목록

I	단테움, 백작의 탑을 보여주는 정면 투시도. 그림 14 참조.
II	콜로세움 방향 전경. 펼쳐놓음. 그림 15 참조.
III	독립 벽. 그림 20 참조.
IV	정면 벽 사이의 모습, 콜로세움의 투시도 상세. 그림 23 참조.
V	단테움의 입구, 너머의 숲. 그림 24 참조.
VI	단테움, 진입마당 상세. 그림 108 참조.
VII	지옥, 내부 투시도, 희미한 빛, 짓누르는 분위기. 그림 28 참조.
VIII	지옥, 엑소노메트릭 상세.
IX	연옥의 투시도, 기하학으로 틀지어진 열망. 그림 31 참조.
X	천국, 일상의 세계 위에 떠있는 방. 그림 33 참조.
XI	천사처럼 투명한 천국의 방 기둥들. 그림 34 참조.
XII	제국의 방, 건축적 전체의 배아. 그림 35 참조.

I

II

III

IV

V

VI

VII

VIII

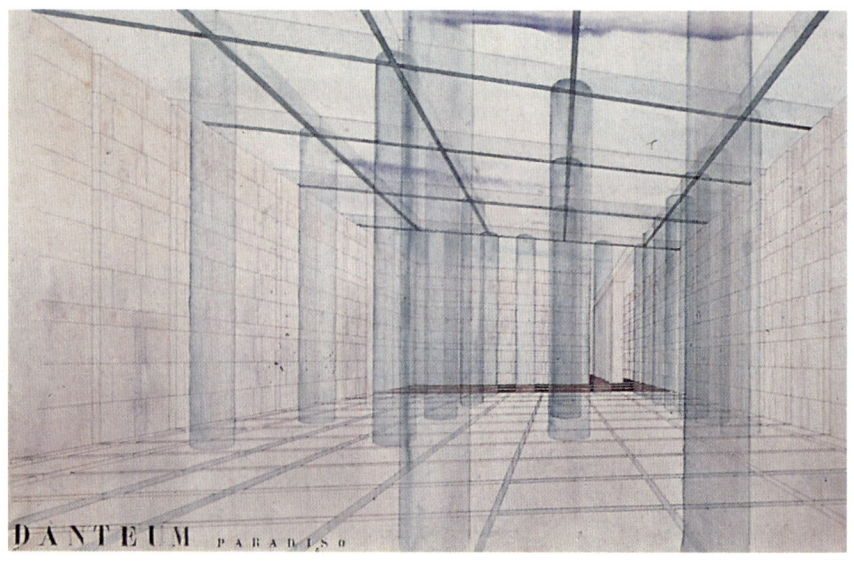

X

XI

문고판 서문

『테라니의 단테움Il Danteum di Terragni』이 1980년 로마의 오피치나 에디치오니Officina Edizioni에서 출판됐을 때, 제목에 대한 논쟁이 일어났다. 주세페 테라니Giuseppe Terragni와 피에트로 린제리Pietro Lingeri 두 사람 모두 이 프로젝트의 건축가로 기록돼 있기에, 나는 곧 린제리가家 사람들, 그들의 변호사, (15년 동안 테라니의 조수로 일했던) 루이지 주콜리Luigi Zuccoli로부터 '테라니와 린제리의 단테움Il Danteu di Terragni e Lingeri'이라는 제목을 달아야 한다는 취지의 편지를 받았다. 나는 테라니가 단테움의 주역이라 확신했기 때문에 제목에 테라니의 이름만 사용했다. 1983년 오피치나 에디치오니에서 책을 재발행 할 때 편집인 조르조 치우치Giorgio Ciucci(오피치나 시리즈 '건축/작품'의 디렉터이기도 함.)는 제목을 '테라니와 단테움Terragni e il Danteum'으로 바꾸자고 했다. 그 책은 테라니와 그의 아이디어에 관한 것이었으므로 치우치의 주장은 옳다. 1985년 프린스턴 건축 출판사에서 출판한 첫 번째 영문판은 더 이상의 논쟁을 피하기 위해 '단테움: 문학적 건축 연구The Danteum: A Study in the Architecture of Literature'라는 제목을 달았다. 이 판본에서는 책의 내용과 주장을 보다 정확하게 반영하기 위해 부제를 변경했다.

  코모 테라니 재단의 자료실에서 최근 발견한 내용으로 나는 처음의 내 해석을 확인했다. 테라니가 직접 그린 드로잉은 그 프로젝트가 의심할 여지 없이 그의 것이라고 말해준다. 주콜리의 회고록[1]이 출간돼 테라니가 프로젝트의 주역이라는

1976년의 주장을 뒤집었지만, 나는 여전히 각 건축가의 상대적 기여에 대한 나의 원래 평가를 확신한다. 그래서 나는 원래 책의 문구를 유지하고, 디자인 의도와 활동을 설명할 때 테라니의 이름을 사용했다. 린제리와 다른 사람들이 테라니와 관련된 여타 프로젝트와 건물에 중요한 기여를 한 경우, 나는 그들을 포함시키기 위해 주의를 기울였다.

『단테움The Danteum』의 초판이 절판된 후 프린스턴 건축 출판사의 케빈 리퍼트Kevin Lippert와 나는 재판을 고려하고 있었다. 그리고 인쇄용 원판을 분실했기 때문에 우리는 책을 다시 디자인하기로 결정했다. 또한 학생, 건축가, 학자 모두가 이 책을 받아들일 수 있게 만들어야 한다고 생각했다. 이런 생각은 새로운 형식에 반영됐다.

『단테움』을 마무리한 지 몇 년 후 나는『표면과 상징: 주세페 테라니와 이탈리아 합리주의 건축Surface and Symbol: Giuseppe Teragni and the Architecture of Italian Rationalism』에 대한 작업을 시작했으며, 1991년 프린스턴 건축 출판사에서 출판했다. 그 책을 조사하고 쓰는 동안 나는 『단테움』에서 썼던 것과 관련해 몇가지 새로운 결론에 도달했다. 그래서 새로운 발견과 결론을 이번 책에 포함시켰고, 언어 표현도 개선했다. 삽도를 재정렬하거나 바꿨으며, 글을 더 부드럽게 읽을 수 있도록 장의 순서를 약간 조정했다. 또『단테움』이 처음 출판된 후 많은 학자들이 그 프로젝트를 연구하게 됐기 때문에 나는 그들의 연구 성과 중 일부를 이 책에 포함시켰다.

1970년대에 단테움 프로젝트를 조사했을 때,「테라니와 린제리의 단테움 보고서Relazione sul Danteum」의 완전한 원고를 찾을 수 없었다. 1986년 3월에 조르조 치우치와 실비오 파스퀴렐리Silvio

---

1 Luigi Zuccoli, *Quindici Anni di Vita e di Lavoro con l'amico e maestro Giuseppe Terragni* (Como: Tipografia Editrice Cesare Nani, 1981) 참조. (그의 친구이자 스승인 주세페 테라니와 함께 한 15년의 삶과 일)

Pasquarelli는 이전에 누락된 보고서의 첫 몇 페이지를 발표했으며, 이를 '공식 보고서Relazione Ufficiale'라 불렀다. 「보고서」의 이 부분은 내 동료인 구이도 프란체스카토Guido Francescato가 이 책에 수록된 바와 같이 멋지게 번역했다. 원고의 마지막 부분은 여전히 손실된 상태다.

이러한 변경 사항 외에도 이 책은 새 책이나 원본의 주요 개정판이 아님을 밝힌다. 필수 구성 및 장章 제목은 동일하게 유지된다. 변경 사항 때문에 내 결론이 달라지지는 않았다.

다시 한 번, 프린스턴 건축 출판사의 케빈 리퍼트와 새 원고를 멋지게 편집해준 스테파니 루에게 감사드린다. 또한 전산화에 도움을 준 스티븐 작스에게도 감사드린다. 나의 대학원 조교인 린다 미칼레는 제작에 도움을 주었고, 조안나 쿠오는 명료하고 표현력이 풍부한 드로잉을 제공해주었다.

TLS, 워싱턴 DC
1993년 5월

첫 번째 영문판 서문 및 감사의 글

미완성 작품에 대해 글을 쓰는 것은 아주 어렵다. 테라니의 단테움의 경우 르 코르뷔지에의 메종 돔 이노, 미켈란젤로의 산 로렌조 성당 파사드, 혹은 프랭크 로이드 라이트의 마일하이 마천루와 달리 이 특별한 프로젝트는 거의 알려져 있지 않았던 탓에, 문제가 좀 더 복잡해진다. 왜 단테움인가? 테라니의 카사 델 파쇼Casa del Fascio와 카사 줄리아니 프리제리오Casa Giuliani-Frigerio는 더 흥미로운 프로젝트여서, 더 완벽하고, 아마도 더 중요하고, 분명 문서화하기엔 더 쉬울 것이다. 단테움은 테라니의 파트너인 피에트로 린제리가 이 프로젝트를 곁에 두고 싶어 했고 1944년 미국의 포탄이 그의 스튜디오를 파괴하기 직전 트레메조에 있는 그의 집으로 가져오지 않았더라면 우리에게 알려지지도 않았을 것이다. 이 프로젝트는 1957년까지 출판되지 않았으며, 아름다운 수채패널화는 1976년 컬러로 처음 출판됐다.

   단테움을 책으로 내려고 결정한 이유는 두 가지다. 첫째, 단테움은 역사와 연관된 현대적 건물이며 '추상적인' 건축가의 '암시적' 건물이다. 둘째, 전통적이면서 '자연적인' 재료와 선진 구축 시스템을 사용했다.

   나는 테라니 작품 선집인 『오마조 아 테라니Omàggio a Terragni』에서 브루노 제비와 레나토 페디오가 발표한 「단테움에 대한 보고서Relazione sul Danteum」[1]에서 발췌한 내용을 읽으면서 단테움에 관심을 갖게 됐다. 그리고 왜 더 많은 것이 포함되지 않았는지 궁금했다. 엔리코 만테로Enrico Mantero는 여타 많은 미발표

초안을 포함시키면서도 테라니의 선집에서는 최종 보고서를 제외시켰다. 원고 사본을 받았을 때 나는 이 건물에 대한 지식이 부족해 더욱 당혹스러웠다. 여기에는 한 건축가가 인본주의적 진부한 이야기에 의지하지 않고 무엇을 하고자 했는지 정확히 말해주고 있었다. 이런 점에서, 보고서의 내용과 형식은 내가 심사위원들에게 들은 학생들의 보고서와 비슷했다. 단테움에는 생각보다 더 많은 것이 있다는 것을 깨달았다.

「보고서」는 나를 린제리의 아들인 안젤로와 피에트로가 있는 밀라노의 사무실로 이끌었고, 그들은 코모 호수의 볼베드로 디 트레메조에 있는 그들의 어머니 에디타 린제리Editta Lingeri에게 나를 보냈다. 친절한 린제리 가족은 프로젝트의 역사적 배경에 관해 많은 것을 알려주었다.

건축가 에밀리오 테라니Emilio Terragni는 삼촌의 카탈로그에 없는 스케치와 수많은 사진을 해독하는 데 인내심을 갖고 도움을 주었다. 건축가 루이지 주콜리는 테라니와 그 프로젝트에 관한 소중한 기억으로 나를 도왔다.

지원과 비판에 감사드려야 할 사람들이 많다. 알도 노르사, 가브리엘레 미렐리 및 루치아노 파테타에게는 정보 수집에 대한 아이디어와 제안 및 도움에 대해, 프린스턴 대학교에는 내가 프로젝트를 시작할 수 있도록 연구학기를 준 데 대해, 미국 철학협회에는 프로젝트를 마무리할 수 있도록 보조금을 지원해 준 데 대해, 이 책의 첫 번째 이탈리아판 편집자인 조르조 치우치에게는 지속적인 비평과 인내심에 대해, 주디스 디 마이오에게는 완전히 새로운 연구 영역으로 이끌고 가도록 중요한 인식을 준 데 대해, 케시 켄필드에게는 첫 번째 영문판

---

1 Bruno Zevi and Renato Pedio, *Omàggio a Terragni* (Milan; Etas-Kompass, 1968).

텍스트를 편집해 수많은 비판적 이슈를 명료하게 해 준 데 대해, 주디 맥클레인 트웜블리에게는 이 판본의 텍스트를 더 명확하게 해 준 데 대해, 케빈 리퍼트와 에릭 쿤에게는 제작 아이디어를 통해 텍스트를 훨씬 더 나은 것으로 만들어준 데 대해, 테레사 피오레에게는 이탈리아어로 멋지게 번역해 준 데 대해, 웨인 스토리와 수잔 포터스에게는 단테에 대한 통찰을 준 데 대해 감사드린다. 그리고 내 연구 초기에 심오하고 예리한 비판을 통해 이전에 상상하지 못했던 방식으로 프로젝트를 탐구하도록 영감을 준 피터 칼에게 특별히 감사드린다.

TLS, 샬러츠빌, 버지니아
1984년 9월

서문

주세페 테라니의 단테움에 관한 토마스 슈마허의 면밀하고 철저한 분석은 건축가의 생애 전 작품을 더 복합적이고 세부적인 방식으로 조망하고 이를 통해 문학과 건축의 관계를 관찰하라는 일종의 초대장이다. 타푸리는 『오포지션 II』에 실린 에세이 「테라니의 마스크」에서 이미 테라니 사유의 추상적 성질에 관심을 쏟았는데, 이 사유는 테라니를 둘러싼 현실과 그의 시학을 공식화한 방식 양쪽에서 도출한 것이다. 타푸리는 테라니의 전 작품에서 "잃어버린" 즉 "부적절한" 요소를 지적하면서 결론을 내리는데, 그의 말에 따르면 건축가 자신이 갖고 있던 물리적 맥락으로부터 떨어져 나가고 있다는 표시이다.

타푸리의 에세이가 『오포지션』에 실리기 훨씬 전에 작성된 테라니의 발언과 슈마허가 쓴 정밀한 텍스트를 고려해, 우리는 두 작품을 보완하고 단테움 분석에 대한 소개로 간주할 수 있는 몇 가지 생각과 고려사항을 내놓으며 시작할 수 있을 것이다.

카사 델 파쇼는 전통주의자 및 기념비주의자들의 학계뿐만 아니라 이탈리아 문화의 '합리주의자'에게서 강한 반향을 이끌어냈다. 예를 들어 주세페 파가노Giuseppe Pagano는 『카사벨라』 110호에서 이 건물을 격렬하게 비난하면서 허세 덩어리라는 딱지를 붙였고, 더 나아가 테라니를 별난 나르시스트라 비난했다.

건축에 대한 테라니의 관점이 추상적인 형태요소와

[그림 1]
조반니 무치오,
카브루타, 밀라노,
1919-23,
파사드

[그림 2]
조반니 무치오,
카브루타, 밀라노,
1919-23,
파사드 상세

이상적인 것에 대한 참조 모두를 포함한다는 것을 감안하면 두 측면에서의 비판을 더 잘 이해할 수 있는데, 테라니는 이로 인해 "반역사적 절충주의"가 되지 않으면서 도시의 역사를 참조할 수 있었고, 그로써 "형성 중에 있는 역사"에 참여하지 않을 수 있었다. 브레시아 시市에 고대 포럼을 재건하고자 한 마르첼로 피아첸티니Marcello Piacentini의 프로젝트와 거주하기 좋고 제반시설을 다 갖춘 도시에 대한 파가노의 관심을 비교해보면 각 관점이 지향하는 바는 정반대다. 왜냐하면 전자의 경우, 그 목적이 파시즘이 지닌 고대 로마의 요소를 즉각적으로 표현하고 인식할 수 있도록 하는 것인 반면, 후자는 그 도시에 파시스트 혁명을 모욕하는 이미지를 부여하는 것이기 때문이다.

　　테라니의 작업은 초기의 형이상학적 경험들에, 그리고 특히 형이상학적 회화를 역사화한 요소에 가깝다. 그는 또한 밀라노의 '신고전주의자 그룹', 특히 그 그룹의 지도적 인물인 조반니 무치오Giovanni Muzio의 영향을 받았다. 우리는 그루포 세테Gruppo 7 선언문—"우리보다 바로 앞서 있었던 모든 건축가에게 진심어린 존경을 보내며 … 그들이 가장 먼저 인습적인 피상성과 나쁜 취미를 혁파한 것에 대해 감사하며 [우리는] 그들의 발자취를 따를 것이다"—에 그치지 않고 그가 이 밀라노 신고전주의자들의 작품에서 실제로 두드러지는 점은 추상적인 형태요소, 후퇴하는 대칭축, 보이지 않는 연결선, 원근법적 깊이를 나타내는 희미한 지시선을 활용하는 것임을 주목해야 한다. 무치오의 카브루타Ca' Brutta에서 이러한 요소는 벽면에 파편처럼 펼쳐져 디자인을 조직하는 '기호'가 되는 동시에 그 파편이 갖는 본래의 정체성을 잃지 않는다[그림 1, 2].

무치오와 테라니의 작업에서 우리는 무치오의 경우 신고전주의 질서에, 테라니의 경우 고전주의 질서에 따라 서로 관련되는 파편으로 건설한 도시라는 개념을 발견한다. 그들의 작업은 그 결과는 아주 다르지만 절대 형태를 재구성하는 데 초점을 맞춘다. 그들이 적용한 규칙과 요소는 더 이상 존재하지 않는 전체의 무시간적 파편들이고 명백히 다른 문법을 사용해서만 구제받을 수 있는 언어와 관련돼 있다. 비록 다른 모습을 하고 있지만, 비슷한 가설을 따르는 무치오와 테라니는 그 도시를 부정하지 않고 오히려 이미 존재하는 것으로서 역사적 형태와 의미를 포용한다. 무치오는 18세기 밀라노 신고전주의를 염두에 두고 팔라디오를 다시 읽은 반면, 테라니는 카사 델 파쇼에서 팔라초 노빌레Plazzo nobile의 이탈리아 전통에 초점을 맞춘다.

그들은 둘 다 다른 스타일의 건물 사이에 설정된 '역사적 관계의 물리적 현실'과 본질적으로 반역사적인 '절충주의' 간의 갈등을 알고 있었던 듯하다. 타푸리가 지적했듯이 각각은 사물과 건물이 아무런 장소도 갖고 있지 않고 실제로 더 이상 장소를 필요로 하지도 않는 일종의 형이상학적 차원에 도달한다. 따라서 기존의 물리적 맥락과 비교해서 형태와 크기를 철저히 관계지어, 면밀하게 숙고하고 디자인한 단테움은 물리적 환경을 넘어서는 형이상학적 차원—왜냐하면 단테움의 구조는 『신곡』의 구조와 매우 닮았기 때문에—을 띠기 시작한다. 일단 단테움에 진입해 형태와 공간을 지배하는 내적 논리에 젖어들면, 우리는 단테와 같은 상황에 빠져든다. 즉 지옥, 연옥, 천국은 명확하게 규정된 공간이 아니며 그것들이야말로 비 장소다.

슈마허가 지적하듯이 단테움이 조직되는 나선은 테라니의 마음속에서 무한으로, 장소의 부재로 이어진다. 건물은 이론상 물리적 맥락에 관계할 필요도 존재할 필요도 없다. 카브루타의 파사드 위에 떠도는 파편들에 적합한 '장소'의 부재는 단테움이 도시적으로 불분명한 것과 유사하다. 단테움은 바실리카 막센티우스의 치수들을 토대로 구축되며, 바실리카 내부구조의 논리를 통해 그 치수들을 초월한다. 카브루타는 밀라노 신고전주의를 참조하며 파편들이 서로 관계하는 방식으로 인해 신고전주의를 초월한다. 이 두 측면은 건물 주변에 빈 공간을 만들어내는 일종의 오브제, 카사 델 파쇼와 관련이 있다.

    이들 파편이 자리하는 물리적 장소—카브루타의 벽 표면, 단테움의 역사적 장소, 카사 델 파쇼를 위한 도시의 빈 공간—는 한정된 공간이며, 우리는 그 공간에 관해 텍스트를 써야 한다. 우리는 그 공간의 경계를 넘어설 수 없지만, 그럼에도 이와 같은 제약이 그 텍스트가 지닌 의미에 간섭해서는 안 된다. 더욱이 그 맥락을 선택하는 것은 텍스트다. 그것이 종이에 인쇄되든, 돌 위에 새겨지든, 주석을 달 다른 텍스트의 여백이든 상관없이 말이다.

이전에 다른 이들처럼, 타푸리와 슈마허가 이들의 관계를 주장했듯이 우리는 또 다시 테라니와 본템펠리Massimo Bontempelli의 관계로 돌아가야 한다. 본템펠리는 자신의 잡지 『900』에 다음과 같이 썼다.

> 우리가 유일하게 가진 작업 도구는 상상력이다. 숨쉬기 위해 필요한 새로운 분위기를 만들어낼 수 있는 완전히 새로운 신화를 창조하기 위해서는 짓는 기술을 다시 배울 필요가 있다. 우리의 가장 약한 한숨을 나비채에 괴기하게 끌어 모으는 일에 즐거워하며, 원을 그리며 쉬지 않고 춤추며, 우리 몸 주변에 가장 밀착된 인상들의 희뿌연 안개를 휘저으며, 우리는 짓기를 완수할 것이다. 탄탄한 신세계가 우리 앞에 자리할 때 우리는 끝날 것이다. 그런 다음 우리가 가장 조심해야 할 일은 그 세계를 기어오르고 탐험하는 일일 것이며, 무거운 돌 블록을 잘라내 다른 것의 꼭대기에 그 하나를 얹어 단단한 건물을 우뚝 세우고, 다시 정복된 지표면을 끊임없이 바꾸는 일일 것이다. (1926)

에치오 본판티Ezio Bonfanti는 무치오가 카브루타에 부여했던 형이상학적 분위기에 영감을 받은 본템펠리의 '마술적 리얼리즘'[역주]과 '마술적' 해석 간의 밀접한 유사성에 대해 통찰력 있는 글을 썼다. 이러한 태도는 일상생활과 그것이 내포한 모순을 통제해서, 그 모순을 예외적인 가치로 다시 제안하는 방법을 보여준다. 즉 창조적 상상력을 해치지 않고도 언어가 지닌

역주   마술적 리얼리즘은 하나의 문학 기법으로 현실 세계에 적용하기에는 인과 법칙에 맞지 않는 문학적 서사를 의미한다. 이 개념은 20세기 미하일 불가코프, 에른스트 윙거, 가브리엘 가르시아 마르케스 등 많은 라틴 아메리카 작가들의 등장과 함께 유명해졌다.

물질적인 매력을 무효화하는 방식으로, 대부분의 작품이 쉽게 수용하는 '아름다움'이나 '추함'과 같은 판단 너머에 있는 의미를 전달할 수 있도록 하는 것이다.

우리는 질서로의 회귀라는 의미에서 '신고전주의'와, 파시즘이 재현하려 했던 새 질서에 내재하는 언어로 의도된 '고전주의' 사이에 테라니가 있다는 것을 알게 된다. 테라니의 합리주의는 '진정한' 고전주의인데, 순수성, 절대적인 것, 비례, 수학 및 '그리스 정신'을 기반으로 하기 때문이다. 거기에서는 이데올로기적 내용을 지어낼 필요가 없으며 오직 의미 전달만 필요하다. 테라니의 건축은 순수성이 이미 존재하는 주어져 있는 질서를 전제로 한다.

단테움은 절대 형식을 정교하게 다듬은 것이다. 그것은 『신곡』의 구조를 바탕으로 추상적 형태논리를 찾는 것이다. 한편으로 단테의 경험(슈마허는 단테와 테라니의 수많은 친화성을 지적함)과 이탈리아 파시즘에 유용한 그의 정치적 메시지를 반영하고 갱신하며, 다른 한편으로 단테를 기념하고자 한다는 것을 보여준다. 단테움에 담긴 의미는 단지 우리가 『신곡』이나 단테의 다른 작품들에서 알아낸 것뿐만 아니라 '이탈리아의 가장 위대한 시인'을 기념하는 공간을 짓는 행위 자체에 내포돼 있다. 단테가 쓴 텍스트의 구조는 추상적 형식논리를 구축하는 데 활용할 수 있는 추상 요소다. 테라니는 이렇게 썼다.

> 건축기념비와 문학작품은 이런 조합에서 각 작품이 지닌 본질적인 속성을 잃지 않고 독특한 체계를 고수할 수 있는데, 오직 하나의 구조와 하나의 조화로운 규칙을 가져야만 그 속성들은 서로 대면할 수 있으며, 그렇게 해서 병렬적이든 종속적이든 기하학적이거나 수학적 관계로 읽을 수 있을 것이기 때문이다. 우리의 경우 건축은 『신곡』의 경탄할 만한 구조에 대한 조사를 통해서만

문학작품을 고수할 수 있었으며, 그 자체가 특정한 상징
수인 1, 3, 7, 10 및 그 숫자들의 조합을 통해 분할 및
해석하는 기준을 지켰고, 이로써 만족스럽게 하나와
셋(통일성과 삼위일체)으로 종합 될 수 있다.
(「단테움 보고서」, 5절. 이 책에 실려 있음)

첫 번째가 구축된 방식은 여타 텍스트 구조가 된다. 하지만 이 구조는 아직 건축이 된 것은 아니다. 1931년 테라니는 다음과 같이 썼다.

> 상인방에서 아치, 교차볼트에서 돔에 이르기까지,
> 기하학과 수학은 평면 투사지로부터 출발해 신전,
> 바실리카, 다리, 수로 및 대성당을 지을 수 있는 수단을
> 건축에 제공했다. 하지만 기하학적 공식이 없다면,
> 어떠한 물리법칙도 없다면, 매스의 조화나 빛 속에 있는
> 볼륨들의 유희를 결정할 수 없을 것이다. 구축의 요소는
> 기초, 말하자면 알파벳이며, 건축가는 그것을 가지고
> 어느 정도 조화로운 방식으로 디자인할 수 있다. 건축은
> 그저 구축하는 것이 아니며, 심지어 물질적인 요구를
> 충족시키는 것도 아니다. 뭔가가 더 있어야 한다. 그것은
> 훨씬 더 높은 미적 가치를 달성하기 위해 이 구축적이고
> 실용적인 속성들을 규율하는 힘인 것이다. 건축이
> 구축물과 중첩되는 것은 오직 보는 사람이 멈춰 서서
> 유심히 관찰하고 그 앞에 있는 비례의 조화로움에 놀라고
> 감동받았을 때다.

테라니가 수행한 프로젝트들은 이처럼 구조와 조화, 구축물과 건축을 구분하는 데서 자신의 자리를 찾는다. 테라니가 말한 기하학과 수학의 "추상적이고 보편적인 언어"와 본템펠리가

[그림 3]
카를로 카라,
<형이상학적 뮤즈>,
1917,
그녀를 대변하는 사물

[그림 4]
마리오 시로니,
<여행자>,
1924.
그는 더 이상 소통할 수 없는 도시 외곽을 배회한다.

번역을 통해 "언어를 객관화한 것" 사이에는 실제 아무런 차이가 없다. 기하학적 모양과 숫자는 도식, 평면을 만들지만 그것들은 조화를 이룰 수 없다. 그리고 언어는 그 자체만으로 신화를 전할 수 없다. 테라니가 볼 때, 조화와 신화의 소통 필요성은 숫자와 언어를 인식하는 일상생활을 넘어 일종의 '태어나는 분위기'를 재생산하는 마술적 사실주의로까지 나아가는 추상 이미지를 통해, "삶, 심지어 가장 일상적인 진부한 것이 일종의 기하학적 모험으로, 항구적인 위험으로, 교활함과 영웅주의의 지속적인 운동으로 간주되는 삶"의 일부가 된다. "예술작품을 만드는 행위 자체가 지속적인 위험이 된다"『900』. 즉 소통 불가능의 위험. 카를로 카라Carlo Carrà의 〈형이상학적 뮤즈 La Muse métaphysique〉는 얼굴이 없다. 사물과 파편들이 그녀를 대신해 말한다[그림 3]. 마리오 시로니Mario Sironi의 여행자는 소통 불가능한 어느 도시의 외곽에서 익명으로 길을 잃고 배회한다[그림 4]. 그리고 테라니가 디자인한 그 사물들은 침묵의 여행자들처럼, 뿌리 뽑히고 갈등을 겪는 일상현실에서 방황한다. 사물 그 자체는 추상적이고 비현실적이며 형이상학적이다. 그러나 신화를 만들고 소통할

가능성은 이처럼 일상의 현실과 마술적 사물들 간의 갈등에서 비롯된다.

단테움에서 수와 관련된 리듬과 화성적 관계의 균형은 고전주의의 규율을 통해 달성된다. 이러한 규율은 그 엄격함, 부동의 완전성, 암묵적인 본질로 인해 일상의 삶이나 대중의 타성과 충돌해 그것들을 흔들어 놓는다. 이것은 진부한 일상을 모험으로 바꾸고 구축을 건축으로 바꾸는 도전이다. 르 코르뷔지에는 1933년, 아테네에서 열린 CIAM 4차 회의에서 연설을 마치며 이렇게 외쳤다. "친애하는 동지들 그리고 의원 여러분, 모험, 위대한 모험을 향해 돌격합시다! 건축과 도시계획!!"

테라니가 디자인한 공간은 공허이며 존재하기 위해 구경꾼을 필요로 하지 않는다. 그가 설계한 건물은 순수 사물로서 일상생활 속 건물 이미지가 지닌 의미와 충돌하는 '고전적' 균형, 즉 건물 자체가 전달하는 이미지인데, 왜냐하면 건물은 '구축construction'이기도 하기 때문이다. 추상화가 완료되고 건물이 전하고자 하는 신화—이처럼 특수한 경우, 파시즘이 가져오는 (테라니에 따르면) 교회와 제국의 통합과 단테가 『신곡』에서 구축하고자 한 신화—가 존재하는데, 이는 현실이 된 것이 바로 인공물이기 때문이다. 단테움은 마술적 모험을 할 수 있는 공간을 재구축한 것이다. 그 모험은 '더 높은 미학적 가치'이며 오직 추상적이면서도 거의 보이지 않는 자취를 따라서만 구축할 수 있는 형식적이고 논리적인 관계를 통해 도달할 수 있다.

형이상학적 오브제들 간의 마주침은 시간 바깥에 있는 이 건물에 끼어들고 멈춰버린 것처럼 보인다. 우리는 놀라기를 멈춘다. 우리는 역사적 차원의 물리적 현실에서 맥락 없는 공간의 형이상학적 차원으로 가버렸다. "보는 사람이 멈춰 서서 관찰하고 흥분하고 감동하게 만드는" 그 조화—신화를 전달할 수 있는 건축—는 오직 장소가 없는 곳, 유토피아에서만 일어난다.

조르조 치우치

완전하고 성공적인 작품 속에는 감춰진 의미덩어리들이 있으며, 참된 세계는 그것에 관심을 갖는 이들에게 드러난다. 말하자면 그럴 자격이 있는 자에게.

르 코르뷔지에, 『새로운 공간의 세계』

파시즘, 그리고 무솔리니 자신은 문화혁명을 수행할 수 없었고, 학구적인 문화의 해석을 진정으로 수용하지도 못했다. 이런 이유로 목표를 설정하지 못하고 불확실성은 점차 커져갔다. 정권이 성숙했더라면, 모든 철학이 용인되고 그들은 총통의 최고 천재성을 인정했을 것이다.

에이드리안 리틀턴, 『권력 장악』

제1장
단테움 프로젝트

1926년, 근대운동의 이탈리아 지류로 출범해 '합리주의'[1]로 알려진 운동의 시작부터, 아방가르드 건축가들은 정통 모더니스트의 입장을 끌어안을 것인지 낡은 확실성을 유지할 것인지 갈팡질팡했다. 주세페 테라니(1904~1943)와 그루포 세테의 여섯 동료들은 "새로운 건축, 진짜 건축은 논리와 합리성을 엄격하게 고수하는 것에서 비롯해야 한다."고 썼다. "특히 우리에겐 고전주의라는 특정 기층, 전통정신이 있다."[2]고 덧붙였다. 같은 시기 르 코르뷔지에의 글에서 이와 비슷한 애매성을 포착할 수 있는데, 그루포 세테가 언급한 전통주의의 기저를 이루었던 것은 민족주의였다.

   건축가들이 지닌 양면적 측면은 무솔리니가 권력을 장악하고 4년 뒤 근대건축이 이탈리아에 유입됐기 때문일 것이다. 그래서 아방가르드는 혁명을 가장한 채 시시각각 변해가면서 보수적인 사회질서에 잘 적응해야 했다. 줄리오 카를로 아르간Giulio Carlo Argan은 테라니와 동시대인들이 처했던 곤궁을 다음과 같이 설명했다.

---

1 합리주의라는 용어는 이를 광범위하게 사용하는 것에 반대한 르 코르뷔지에의 노력(1931년 알베르토 사르토리스에 대한 그의 권고 참조, Reyner Bahams, *Theory and Design in the First Machine Age*, New York: Praeger, 1970, p.320 재인용)에도 불구하고 여전히 양차 세계대전 중의 근대 이탈리아 건축을 설명하는 표준용어다. 합리적 혹은 합리주의적이라는 표현은 긍정적이거나 부정적인 의미를 모두 내포하기도 하는데, 영국과 미국의 건축전문용어에서 모더니즘적이라는 용어가 부정적 의미에 무게를 둔 것과 유사하다.
2 Giuseppe Terragni, et al., "Architecture"(1926), trans. E. Shapiro, in *Oppositions* 6 (Fall 1976), p. 89.

[그림 5]
알베르토 리베라와
마리오 데 렌치,
파시스트 혁명 10주년
기념전,
팔라초 델레
스포시지오니, 1932,
국가 전시관으로
쓰인 아르데코 파쇼
리토리오의 원기둥들

파시스트 혁명에 대한 문화의 '얼빠진' 혁명적 야망, 즉
어느 누구도 설명할 수 없고, 고정된 가치를 꺼리면서도
문화진보에 대한 정치역량을 부인하는 '미지의' 혁명.
이것이 미래파 이후 제2세대 아방가르드에 생기를
불어넣고자 했던 예술가들의 투쟁이었다. 테라니가 예술적
경력을 시작했을 때, 이념적인 문제는 이미 끝난 상태였다.[3]

건축가들은 파시즘에 대항해 반란을 일으키는 것에 특별히
관심을 두지 않았다. 실제로 1935~36년 에티오피아전쟁 전까지,
전 세계는 (특히 이탈리아 건축가들은) 무솔리니를 이탈리아의
구세주일 뿐만 아니라 역사적으로 중요한 국제정치가로

3 1968년 8월 '테라니 회의'에서 있었던 줄리오 카를로 아르간의 주제연설,
   L'Architettura 163 (May 1969) pp. 6-7.

여겼다. 하지만 건축가들이 『새로운 건축을 향하여』에서의 르 코르뷔지에의 입장, 즉 "행복한 도시는 건축가를 보유한 도시다. … 오늘날 사회불안의 근저에 있는 것은 바로 건설의 문제다."라는 입장에 간절히 동의하고 싶었더라도, 그렇게 하는 것은 건축가로서 자살행위나 다름없었을 것이다. 파시스트의 위계로 볼 때, 행복한 도시는 릭토르의 탑torre littorio 즉 '독재자의 탑'을 가진 도시였고, (테라니를 포함한) 당시 많은 건축가들은 최소한 이를 신뢰했다. 릭토르의 탑은 이탈리아 문화에서 캄파닐레(종루)처럼 형태의 변화 없이도 원래의 용도로 사용한 전통적 상징요소 중 하나였다. 사회 관습상 필요한 릭토르의 탑은 사회적 공약의 탁월한 표출을 의미한다.[4]

근대운동의 사회적 의제는 1930년대 초반, 격렬한 논쟁이 국수주의로 바뀌었던 당시, 이탈리아 아방가르드가 폐기했던 새로운 건축에 관한 첫 번째 선언문 중 하나였다[그림 5]. 1932년 파시즘 10주년을 기념하면서, 세계 대공항, 에티오피아 전쟁을 둘러싸고 고조된 민족주의, 아방가르드 진영은 1928년 건축가들을 CIAM(근대건축 국제회의)으로 이끌었던 논점들을 폐기하다시피 했다.

그러나 이러한 사실들만으로 그 격렬한 논점들이 바뀐 것은 아니다. 근대운동의 강령에서 일부 변화는, 빈틈없고 통찰력 있는 비평가이긴 하지만 디자인 능력은 미심쩍었던 건축가 마르첼로 피아첸티니의 반응으로 나타났다[그림 6]. 전후 평론가들은 피아첸티니를 악랄하고 정치적인 동기로 움직이며, 마키아벨리같이 권모술수에 능한 기질을 지닌 인물로 묘사했다.

4 파시스트 도시계획과 건축의 공허함은 매립된 포티누스 습지에 건설된 새로운 도시 중 하나인 사바우디아 완공보고서에 잘 표현돼 있다. *Architettura* (1935) 참조. 사바우디아의 건물유형과 레이아웃은 이 도시의 주요 기능이 무솔리니의 전시 및 연설을 위한 무대로 사용됐음을 보여준다. 건축가들은 실제로 고객의 요구에 충실히 따랐다.

[그림 6]
마르첼로 피아첸티니,
제1차 세계대전 참전
기념비,
볼차노, 1931.
파쇼 리토리오의 오더.
벤자민 레트로브의
신생 미공화국을
위한 옥수수 껍질과
담배공장의 오더와
비슷함.

그는 분명 그 시기 가장 영향력 있는 건축가였다. 파시스트당의 공식적인 건축 잡지 『아르키테투라Architettura』의 디렉터로서, 그는 이탈리아인들이 외국 작품뿐만 아니라 자신들의 건축과 관련된 것을 읽고 그림으로 보는 것 중 상당수를 통제했다.[5] 피아첸티니는 근대건축에 대한 비판적 공격을 서서히 늘렸는데, 아방가르드 진영은 근대건축이 바로 자신들의 가치인 기능, 구조, 현대산업 세계의 조건을 지향했으므로 근대건축을 논박할 수 없었다. 그는 수많은 국제주의 양식 건물들의 벗겨진 회반죽, (활용되지 않은) 유휴 공간, 비가 새는 지붕, 과도한 방에 주의를 환기시킴으로써

5 피아첸티니는 피렌체 기차역, 로마 대학 도시, (로마 성 베드로 성당 앞) 비아 델라 콘칠리아치오네(화해의 길), 브레시아 타운 센터와 E'42 (현재 로마의 EUR 지구) 계획을 포함해 정권을 위해 세워진 거의 모든 주요 건물을 설계하거나 설계경기의 심사를 맡았다. 1960년 피아첸티니가 사망하자 브루노 제비는 잡지 『아르키테투라』에 「피아첸티니 1925년 사망」이라는 제목의 기사를 썼다.
6 Marcello Piacentini, *L'Architettura d'Oggi* (Rome: Paolo Cremonese, 1930) 참조. 그리고 같은 책의 여러 글이 Luciano Patetta, *L'Architettura in Italia 1919-1943, Le Polemiche,* (Milan: CLUP, 1972)에 다시 실렸다.
7 Ugo Ojetti, "Lettera a Marcello Piacentini"(1933) 참조. Patetta, *L'Architettura in Italia,* pp. 315-318 재인용.

"황제를 폭로"했다. 그리고 그는 합리적이면서도 매우 타당한 방식으로 근대건축이 기술적인 근거가 아니라 상징적인 근거를 지니고 있음을 암시했다.[6]

1930년대 초반에 썼던 피아첸티니의 글들에선 이른바 건축요소들에 관한 그의 고리타분한 생각을 거의 찾아볼 수 없다. 그는 영향력 있는 예술 비평가 우고 오예티Ugo Ojetti의 아치와 원주들, 즉 고전 오더들이 이탈리아 건축에 필수적인 것이었다는[7] 주장을 거부했다. 비록 자신의 건물과 프로젝트에 수사적인 원주들을 활용하긴 했지만 말이다.[8] 모든 건설 활동의 결과가 건축일 필요는 없다는[9] 개념을 다시 상정하면서, 그는 건조 환경을 두 가지 유형으로 나눌 것을 제안했다. 즉 하나는 '속옷'을 입은 것이고 다른 하나는 '야회복'을 입은 것이다.[10] 이 같은 태도가 지닌 공공연한 다원론은 진정한 정치적 수완을 보여주는 것이었다. 그것은 무솔리니의, 그러니까 실질적 손실을 뚜렷한 이익으로 전환시키는 자신의 능력을 즐기며, 무대책과 패배 사이에서 아슬아슬하게 줄타기 했던 인물의 사고방식에 완벽히 들어맞는 것이었다.

한편 합리주의자들은 자신들의 격렬한 비판을 한 가지 목표에만 집중시켰다. 말하자면 근대건축이 파시스트 혁명, 파시스트의 체계, 그리고 파시스트의 위계성을 상징화할 수 있다고 무솔리니를 설득하는 것이다. 그들은 성공하지 못했다. 그렇지만 이것이 이탈리아에서 근대건축이 무력화됐다거나

---

8   일부 학자, 특히 브루노 제비가 최근 편집한 책 *Storia dell'Architettura Moderna* (Turin: Einaudi, 1975), p. 237에서 피아첸티니를 "재빨리 변화하는 예술가"라 일렀던 것처럼, 피아첸티니의 글과 건물에서 정신분열증적인 외양을 보여줬다.
9   나는 50년 전의 이러한 입장과 한나 아렌트의 사유를 기반으로 한 케네스 프램튼의 아이디어 사이에 흥미로운 유사점을 발견했다. Kenneth Frampton, "On reading Heidegger," *Oppositions* 4 (October 1974) 참조.
10 실제 표현은 "나는 속옷에 하나, 이브닝 드레스에 하나, 즉 두 개의 건축이 있어야 한다고 말하지 않았다"였다. Marcello Piacentini, "Prima Internazionale architettonica," in *Architetture e Arti Decorativi* (1928), Patetta, *L'Architettura in Italia*, p. 161 재인용. 그러한 구분이 있어야 한다는 뜻으로 그가 말한 것은 의심의 여지가 없다.

반동세력이 성공했다는 것을 의미하지는 않는다. 무솔리니는 결코 근대 디자인을 찬성하거나 반대한다는 판단을 내리지 않았다. 그는 히틀러나 스탈린과 달리 체제의 장대함이 표현되는 한, 근대적인 것이든 (그가 특정 시기에 우연히 연루됐던 '극장'의 속성을 따르는) 고전적으로 파생된 형식이든 편하게 생각했다. 합리주의자들은 의심할 여지 없이 모더니즘이 피아첸티니의 추종자들이 만들어냈던 투박한 고대 로마의 부흥에 필적할 만한 기념비성을 발휘할 수 있음을 입증했다.

관료양식 혹은 '릭토르 스타일'(로마식, 신고전주의적인 것, 근대적인 것들로 투박하게 콜라주된 것은 무엇이건 파시스트 체제와 동일시된다.)로 실행된 국가건축의 대다수는 무솔리니가 히틀러와 공동전선을 막 형성한 1930년대에 뒤늦게 밀려왔다. 혁명적인 정치운동으로 시작한 것은 혁명적 건축에 매료됐고, 제국주의로 끝난 것은 전통적인 건축적 가치에 매료됐다.[11] 사실 전쟁이 파시스트 시대를 끝장냈을 때, 근대 디자인은 여전히 건재했고, 주세페 파가노와 테라니를 포함해 가장 재능 있고 생산적인 인물 중 다수가 전쟁기간에 생을 마감했음에도 불구하고 1930년대 후반과 1940년대 후반의 모더니스트 건물들 사이에는 놀라운 연속성이 존재한다.

피아첸티니식 특유의 아치와 원기둥—간혹 파쇼 리토리오 fascio littorio 오더와 더불어—은 합리주의자들이 콘크리트 프레임을 수사적으로 똑같이 사용한 것과 대조될 수 있다. 그 프레임의 빈번한 출현은 그것이 오더들과 맞먹는 상징적인 것으로 고안됐다는 콜린 로우의 논지가 사실임을 보여준다.[12]

11 이러한 인식에 대해 나는 조르조 치우치의 도움을 받았다. 저자와의 대화, 1991.
12 Colin Rowe, "Chicago Frame", *The Mathematics of the Ideal Villa and Other Essays*, (Cambridge, MA: MIT Press, 1976), pp. 89–116. *Architectural Review* (November, 1956)에 처음 발표됨.

[그림 7]
테라니,
카사 델 파쇼, 코모,
1923-36.
추상적이고 현대적인
팔라초,
'파시즘의 대리석 집'

(오더와 프레임 모두 가장 기초적인 구축술에서 비롯한다.)
    격렬한 논쟁을 통해 아방가르드 건축가들은, 특히 에티오피아 전쟁 이후, 국제주의 양식과 '에스프리 누보Esprit nouveau'의 상징주의와 관계를 끊기 위해 피나는 노력을 했는데, 그것은 자유민주주의의, 심지어 볼셰비키 강령이라는 오해를 받을 수도 있었다. 합리주의자들의 문제는 민족성을 완전히 파괴하는 듯한 기계미학을 채택하지 않고도 건축의 형태문법이란 측면에서 '현대성'을 주장하려는 것이었다. 당시 이탈리아에서 가장 유명한 현대식 건물로서 코모에 지은 테라니의 카사 델 파쇼Casa derl Fascio(1932~36)는 그 결과 추상미학을 고쳐시킨다 [그림 7].[13]
파가노는 『카사벨라』에서 그와 같은 미적 '퇴보'를 가장 잘

---

13 테라니의 작품에서 추상적인 특성에 관한 분석은 주로 피터 아이젠만의 작업이다. Peter Eisenman, "From Object to Relationship I," *Casabella* 344, (January, 1970)와 "From Object to Relationship II," *Perspecta* 13/14, (1971) 참조. 테라니를 이해하는 데 아이젠만의 기여는 아무리 강조해도 지나치지 않다. 그의 작업은 테라니를 르 코르뷔지에와 미스 판 데어 로에의 인식 아래에서 테라니의 작품을 그 자체로 인식할 수 있는 곳으로 가져왔다.

요약했다. "우리는 절대 기술에 대한 르 코르뷔지에의 염원을 더 이상 (그와 같은 기술에 의해) 일상에 붙박힌 우리시대의 '양식'으로 보지 않는다. … 오늘날 우리가 상정해야 할 자세는 엄중하게 미적인 자세를 취하는 것이다."[14]

반면 파가노의 1933년 성명은 에티오피아 전쟁 이후 이탈리아의 실용주의적 경제고립을 암시했으며, 그 결과로 나온 경제정책—폐쇄경제(자급자족)—은 디자인 실무분야에는 거의 영향을 끼치지 못했다. 폐쇄경제가 가져온 가장 중요한 효과 중 하나는 철강의 원료인 철광석의 수입 감소였다. 하지만 이탈리아의 현대식 건물들은 근대 건축가들의 격렬한 비판에도 불구하고 전통 건물처럼 철을 거의 사용하지 않았다. 심리적인 변화가 더 중요했음에도 몇몇 건축가들은 트래버틴, 대리석, 튜퍼와 같이 더 유명한 이탈리아 천연소재 쪽으로 돌아섰다. 합리주의자들은 인기 있는 추상적 특성을 희생하지 않고도 오래 전 전통적인 구축 방식을 번안했다. 예를 들어 테라니의 주요 공공건물은 치장벽토가 아니라 돌로 마감됐다.

어느 쪽의 극단—국제주의 양식 또는 기념비성—도 회피했던 추상은 상징적인 의도가 없는 것은 아니었다. 그와 반대로 테라니는 다음과 같이 주장하면서 자신의 카사 델 파쇼 디자인이 체제의 상징성에 적절한 위치를 따른 것이라고 설명했다. "여기 파시즘은 모든 사람이 들여다볼 수 있는 유리집이라는 무솔리니의 개념이 있으며, 이 같은 아이디어를 보완하는 [다음과 같은] 해석을 불러일으킨다. 정치적 위계와 인민들 사이에 걸림돌이 없을 것."[15] 그는 '야회복'을 입은

---

14 Corrado Maltese, *Arte Moderna in Italia, 1785–1943* (Turin: Einaudi, 1962), p. 423 재인용.
15 Giuseppe Terragni, "Relazione sulla Casa del Fascio," *Quadrante* 35/36 , (1936) p. 6.

건물이라는 피아첸티니의 지침을 따랐지만 필요한 양단洋緞을 순전한 크레이프 드 신crepe de chine으로 대체했다.

다시 말해서 합리주의자들은 반종교개혁의 종교재판에 직면했던 17세기 화가들처럼 집념으로 정치 상황을 모면하면서 어느 정도 자신들이 만족할 만한 디자인을 해나갔다. 로마에서도 아달베르토 리베라Adalberto Libera와 마리오 리돌피Mario Ridolfi 같은 합리주의자들은 전쟁기에도 북유럽 모더니즘 건축과 닮은 건물들을 계속 디자인했고, 그 당시에도 많은 합리주의 작품이 피아첸티니에 의해 여전히 잡지에 게재되고 있었다.

명백히 모던한 건물인 단테움은 1938년 후반 무솔리니가 열정적으로 수용했고, 전쟁이 발발하지 않았다면 당연히 지어졌을 것이다. 도면을 함께 실은 「단테움에 관한 보고서」는 테라니의 「카사 델 파쇼 보고서」와 유사한데, 분명 총통을 기쁘게 했을 민족주의적 장광설로 마무리한다.

「보고서」를 대충 읽어만 봐도 파시즘의 정치를 초월해서 더 일반적이고 더 중요하면서 더 보편적인 수준의 기독교철학—(좀 개인적인 것이긴 하지만) 그의 독실한 가톨릭 신앙—에 부응하는 하나의 상징(테라니는 이것을 신전이라 불렀다.)을 창조하려는 테라니의 의도를 확인할 수 있다.[16]

추상화, 상징주의, 민족주의, 국제주의와 같은 1930년대 중후반의 격론은 루이지 피란델로Luigi Pirandello의 연극을 닮기 시작했고, 정치적 상징물로 여겨진 선언들과 건축형태의 모호함은 현실을 가렸다. 테라니의 건물들은 그 기간 내내 그와 같은 애매성을 반영한다. 그는 코모에 있는 카사 델

---

16 사무실을 개업한 시기부터 사망할 때까지 테라니의 조수였던 루이지 주콜리에 따르면 테라니는 독실한 가톨릭 신자이자 신비주의자였다. 일요일에는 대성당을 피하고 코모 인근의 작고 붐비지 않는 중세 교회 중 하나인 성 아본디오 미사에 참석했다. (루이지 주콜리와의 인터뷰, 1976년 3월) 테라니와 단테의 동일시는 이런 관점에서 보아야 한다.

파쇼에서 하나의 추상 건축과 함의의 건축을 만들어냈다. 그의 추상은 이탈리아식이었는데, 합리주의 양식 특유의 외관을 보여주는 것이었다. 그의 상징주의는 이탈리아식—정치적 은유 만들기—이었고, 디자인의 기본 구상에서는 모조 디테일이라는 표면적 특성을 띠고 있다는 점에서 국제주의적이었다.

1938년, 밀라노의 법률가이자 왕립 브레라 예술대학의 학장인 리노 발다메리Rino Valdameri(1889~1943)는 "이탈리아의 가장 위대한 시인"[17]을 기념하도록 로마에 단테움 같은 것을 건립하자는 안을 이탈리아 정부에 내놓았다. 그 프로젝트는 1942년 박람회에 맞춰 완성됐다. (E'42라 불렸던 박람회는 제2차 세계대전으로 취소됐다.) 단테움은 하나의 건물일 뿐만 아니라 일종의 조직체가 되는 것이었고, 발다메리는 이를 실현시키기 위해 법령을 제정했다[그림 114 참조].

발다메리는 대단한 단테 애호가였고 로마 행군에 참여하기 위해 당에 가입할 정도로 열정적인 파시스트였다. 단테에 대한 그의 관심은 이탈리아 파시스트 제국의 이상과 직결돼 있다. 그의 정치적·문학적 활동 가운데, 유명 화가 아모스 나티니Amos Nattini의 삽화가 들어간 고가의 『신곡』 판형을 주문한 일이 있었는데, 두 권이 제작돼 무솔리니에게 헌정됐다.[18] 로마에 단테움을 건립하려는 자신의 꿈을 실현하기 위해, 밀라노 철강 산업가 알레산드로 포스 백작Count Alessandro Poss에게 도움을 요청했다. 이에 포스는 건물 건립을 위한 기부금으로 이백만

---

17 리노 발다메리, 「단테움 법령」, 중앙국가기록물 보관소(Archivio Centrale dello Stato) 문서를 참조할 것.
18 「지옥편」은 1932년 4월에 제작하기 시작해 1936년 무솔리니에게 헌정됐다. 1937년 2월 발다메리는 무솔리니에게 「연옥편」이 완성됐음을 알리고 1938년 2월 9일 알현해 헌정했다.[*Il Messaggero*, 12 February 1938을 참조할 것. 중앙국가기록물 보관소, 봉투 509, 374 항목], 무솔리니의 비서실장. 발다메리, 단테움 프로젝트위원회 및 연대기에 관한 대부분의 정보는 이 문서에서 제공됨. 발다메리는 『신곡』 출판을 위해 450만 리라를 기부했다.

리라를 출연했다. 이 제안과 더불어 1938년 10월 단테움을 위한 도면들이 제작됐고, 건축가 주세페 테라니와 피에트로 린제리는 포스와 발다메리와 함께 총통을 알현하도록 로마의 베네치아 궁으로 소환됐다. 이 알현은 1938년 11월 10일 오후 6시 30분에 있었다.[19] 프로젝트는 표면상 잘 받아들여졌고 건축가들은 모형을 만들라는 지시를 받았다.[20]

    린제리와 발다메리의 우정은 1920년대 초반 브레라 예술대학에 장학금을 받고 다닌 학창시절부터 시작됐다. 린제리와 테라니는 루이지 피지니Luigi Figini, 지노 폴리니Gino Pollini와 함께 1935년 예술대학 건물을 설계했다. 린제리는 포르토피노에 위치한 발다메리의 지어지지 않은 주택과 코모 호수의 코마치나 섬에 위치한 브레라 예술대학의 세 명의 예술가를 위한 작업실을 혼자 설계했다. 테라니 역시 포르토피노의 발다메리 주택의 스케치를 맡는다.

    공식기관이자 건물로서 단테움이 지닌 목적은 법령에 구체적으로 명시됐고 다음과 같은 문구로 시작된다.

1. 단테움은 로마에 건립될 예정이다. 이 시대에 제국의 길Via dell' Impero에 세울 것을 제안하는 국가기관, 거기에 총통의 의지와 천재성이 모여 단테가 지녔던 제국의 꿈, 가장 위대한 이탈리아 시인들에게 헌정된 신전을 실현시켰다.
2. 단테움은 다음과 같은 목적으로 제안된다.
 a 무솔리니의 창조물을 위한 1차 자료로 간주되는 단테의 문구들을

---

19 1938년 10월 19일에 리노 발다메리가 무솔리니의 비서실장 오스발도 세바스티아니에게 보낸 편지(봉투 509, 374에 포함)와 1938년 10월 25일에 반환된 전보를 참조할 것. 서신은 아래 문서로 다시 인쇄됨.
20 무솔리니의 반응에 대한 문서는 없다. 나는 에디타 린제리 부인의 기억을 따랐는데, 그녀는 밀라노로 돌아온 남편이 무솔리니의 반응에 기뻐했다고 말했다. 또 남편이 발표 도중에 무솔리니의 발을 밟았다는 재미있는 이야기도 들려주었다. 무솔리니는 좋은 유머와 활기로 으쓱하면서 넘겼다고 했다. 모형 제작의 정확한 날짜 역시 불분명하지만 루이지 주콜리(테라니의 조수)와 피에르카를로 린제리

기념하기 위해

b 지속적인 전파를 돕기 위해
c 단테를 공부하는 사람들에게 필요한 모든 것을 채운 도서관 건설을 위해, 『신곡』과 『새로운 삶Vita Nouva』에 많든 적든 영감을 받은 모든 삽화와 단테의 도상 연구에 관심이 끄는 모든 것을 소장하기 위해
d 이탈리아와 외국에서 단테에 관한 강좌를 촉진하고, 단테의 작품에 연관된 조사연구의 실질적인 중심이 되기 위해
e 이탈리아 파시스트 제국의 성격을 육성하고 입증하는 계획들을 제안하고 지원하기 위해.[21]

이탈리아를 위한 단테의 정치적 포부를 상징하는 단테움은 여러 민족주의 기념비와 유사할 수 있으며, 정치와 마찬가지로 예술을 영화롭게 하고, 그것들을 투명하게 표현한다.[22] 파시스트들은 단테의 정치와 예언들을 빠르게 포착했고, 단테의 작품을 로마제국의 부활이라는 알레고리로 읽었다. 대공황이 한창일 때, 파시스트들이 낙후된 이탈리아에 적합한 금욕의 상징으로 활용한 인물인 성 프란체스코처럼, 단테는 이탈리아의 팽창주의 정책의 전령이자 명분이 됐다. 조형미술 또한 문화영웅들을 활용했다. 그리고 미술사와 건축사는 이탈리아 제국주의를 정당화하기 위해 다시 쓰이고 있었다.[23] 이것은 단테에 관한 관심이 새로운 것이었다는 말이 아니다. 그의 인기는 이탈리아 통일 초기에 이미 굳건해졌고 20세기 내내 지속됐다.[24]

(Piercarlo Lingeri, 피에트로의 아들)는 도면이 완성된 후에 모형이 제작됐다고 확신했다.
21 발다메리, 「단테움 법령」
22 단테를 기념하는 이전 기념비들에 대한 광범위한 설명은 Richard Etlin, *Modernism in Italian Architecture, 1890-1940* (Cambridge, MA: MIT Press, 1991), pp. 519-521을 참조할 것.
23 Henry Millon, "The Role of Architecture in Fascist Italy," *Journal of the Society of Architectural Historians* (March 1965): pp. 53-58. 참조.

발다메리는 단테움 조직을 위한 이사회를 선택하는 데 신중했고 정치적이었다. 왜냐하면 자신과 친분이 있는 건축가들은 격렬한 모더니스트였고 단테움 건물은 문화적으로나 정치적으로 민감한 부지에 세워질 예정이었던 데다, 모든 각료와 공식적으로 지지할 가능성이 있는 지식인들의 후원을 얻어낼 필요가 있었기 때문이었다.[25] 발다메리는 "국가원수의 감시 하에" 보수 없이 일할 스무 명으로 구성된 부서를 제안했다.[26] 여러 각료들과 그들의 대리인 중 한 명이 1902년에 설립된 '단테 알리기에리 국가협의회Società Nazionale Dante Alighieri', 즉 이탈리아의 '공식적인' 단테협회의 의장이 될 것이다. '이탈리아 단테협회Società Dantesca Italiana'의 의장은 이사회에도 참여할 예정이었다. 더구나 몇몇 저명인사들은 프로젝트를 실현하는 데 확실한 영향력을 가지고 있기 때문에 선정됐다. 재정적 후원자인 알레산드로 포스와 베네디토 크로체의 제자이자 가장 중요한 파시스트 철학자였던 위대한 지식인 조반니 젠틸레Giovanni Gentile도 그들 중 한 명이었다. 명단에 올라있는 인물 중 가장 의미 있는 이름은 아마도 저널리스트, 예술비평가이자 사업가이기도 했던 우고 오예티일 텐데, 근대건축에 대한 그의 유명한 비판은 독설로 가득했다.[27] 오예티를 이사회에 발탁한 것은 그가 건물을 비판할 여지를 없애버리려는 의도였다.

프로젝트는 첫 발표 이후 난관에 부딪히는 듯했다. 1938년 11월 10일과 1939년 4월 19일 사이에는 후원자들과 건축가들이 디자인과 관련해 작업하고 있었다고 추측할 만한

---

24 Etlin, *Modernism in Italian Architecture*, pp. 517, 519.
25 팔라초 리토리오를 위해 1934년에 선택됐다가 폐기된 단테움의 부지에 대해서는 다음 2장을 참조할 것. 이 건물을 위한 설계경기를 둘러싸고 전국적인 논쟁이 벌어졌다.
26 발다메리, 「단테움 법령」
27 이탈리아의 '성격'과 '아치와 기둥'에 관해 오예티와 피아첸티니 사이에 벌어진 커다란 논쟁을 다룬 기록은 Patetta, *L'Architettura in Italia*를 참조할 것.

아무런 공식적인 서신이 없다. 1939년 4월 19일, 로마에 체류하면서 무솔리니로부터 얼마간의 약속을 기다리던 발다메리는 총통의 특별보좌관인 오스발도 세바스티아니Osvaldo Sebastiani로부터 무솔리니를 알현해 달라는 요청을 들었는데, 그 자리에서 국가 원수는 프로젝트 개발에 대해 몇 가지 지시를 내릴지도 모를 일이었다. 발다메리는 이 메모를 알베르고 암바스치아토리 호텔에서 받아들고 철강제조 회사에 다양한 방식으로 지원해줄 것을 갈망한다는 뜻을 내비치며, 체제의 과업에 자신의 젊은 에너지를 쏟을 것이라고 약속하는 아부성 짙은 편지를 무솔리니에게 썼다. 그러나 알현은 이뤄지지 않았다.

밀라노로 돌아온 후, 발다메리는 자신과 포스가 "총통의 지시를 충실하게 수행했음"을 알리고, 단테움이 42년 박람회(E'42)에 맞춰 준비되려면 프로젝트에 관한 무솔리니의 또 다른 재가가 있어야 한다는 내용의 편지를 무솔리니에게 다시 썼다.(상당수는 문서화되지 않았는데, 직권에 의해서인 듯 싶다.) 당시 그는 또 다른 알현을 요청받아 성사됐는데, 1939년 5월 8일 포스와 함께였다.

이 시기 무솔리니는 히틀러와의 동맹을 위해 이동 중이었으며, 철강조약에 서명한 것은 1939년 5월이었다. 그의 에너지는 문화 문제가 아닌 분명 유럽 정치에 맞춰져 있었다. 발다메리는 6월 8일 다시 알현 기회를 얻고자 했지만 성공하지 못했다. 그는 8월 2일 세바스티아니에게 다른 날짜를 요청하는 서한을 잇달아 보냈다. 세바스티아니는 9월 4일에 (사흘 후 히틀러는 폴란드를 침공했다.) 답변을 보냈다. 실제로 그는 시간이

28 기록문서를 참조할 것.
역주 찬송가(canticles): '칸티클'은 의식 음악으로 사용된 성가가 아니라 종교적인 가곡으로 그 형태는 오늘날의 찬송가와 비슷하며, 성경에 나오는 시편을 제외한 노래들을 가리킨다.

무르익지 않았고 "더 적절한 시기에" 그 문제를 다시 꺼낼 수 있을 거라고 말했다.[28]

세바스티아니의 짤막한 메모는 현존하는 공식 서한으로 판명되는데, 그 무렵 프로젝트는 사실상 멈춘 상태였다. 후원자들은 이 사실을 받아들이지 못했던 것 같다. 1940년 테라니가 군복무에 소환된 후, 발다메리는 프로젝트 작업을 위해 테라니를 보내줄 것을 요청하는 편지를 군에 보냈다. 주지하다시피 그 편지는 성공하지 못했다. 발다메리는 전쟁이 끝나는 것을 보지 못했다. 1943년 6월 10일, 그는 테라니보다 한 달 앞서 세상을 떠났다.

서신은 파시즘 하에서의 후원이 어떤 특징을 띠는지 보여준다. 선물, 원조, 체제에 기부금을 제공하는 것과 함께 언제나 "허리 굽혀 절하며 아첨할 것."

단테움의 분명한 기능은 단테에 관한 저작들뿐만 아니라 구할 수 있는 모든 판본의 단테 작품을 수용하는 박물관이자 도서관으로서의 역할이었지만, 이 커다란 건물의 주요 공간들은 『신곡』의 찬송가^{역주}(「지옥편」, 「연옥편」, 「천국편」)를 표현하기 위해 설계됐으며, 단테가 정치에서 제시했던 것—이탈리아의 통일과 제국의 자임自任—을 상징하는 것으로 고안됐다. 당시 막센티우스와 콘스탄티누스 바실리카[그림 9]의 맞은편 제국의 길[그림 8]에 부지를 선택하는 것이 타당하다는 주장은 테라니가 "예언에 관한 단테의 '지참금'을 확인하는 것"^{역주}으로 충분히 인정됐다.[29]

역주 『신곡』에서 지참금은 악의 근원으로 기술된다. "아, 콘스탄티누스여, 그대의 개종보다 그대가 첫 부자 아버지에게 준 지참금이 얼마나 많은 악의 어머니가 됐던가!" 이는 콘스탄티누스 대제가 기독교를 공인하는 과정에서 교황과 일종의 거래를 함으로써 교회의 부패가 시작됐다는 것을 암시하는 표현이다.

29 주세페 테라니, 「단테움 보고서」, 미발표 원고(1938), 20절 (제5장 참조).

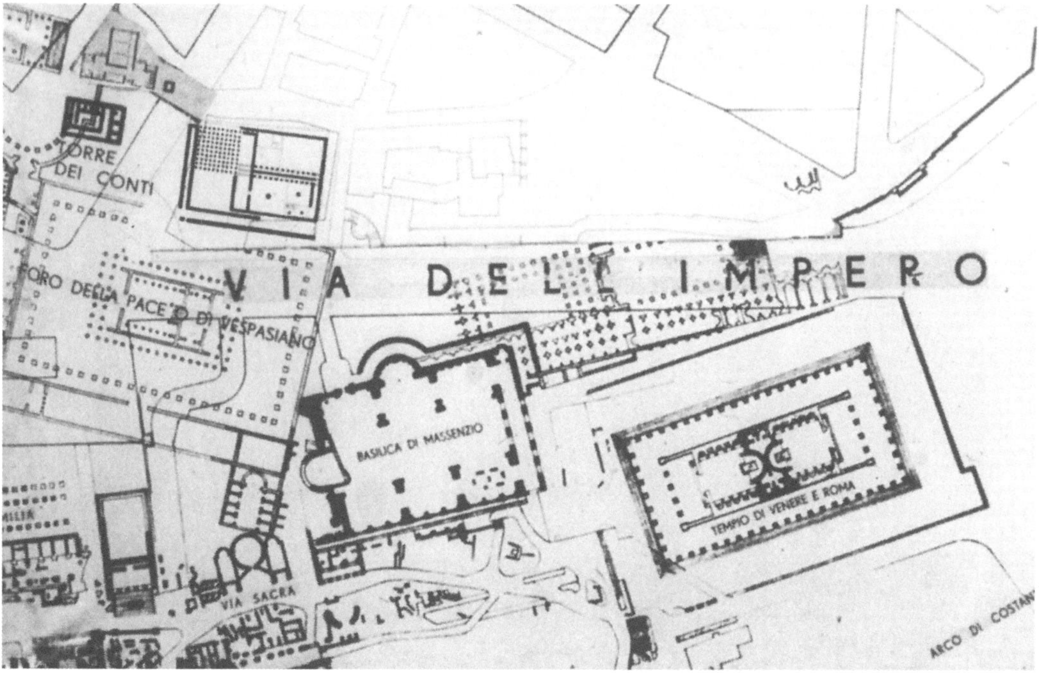

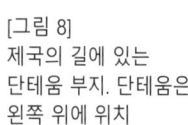

[그림 8]
제국의 길에 있는
단테움 부지. 단테움은
왼쪽 위에 위치

[그림 9]
막센티우스와
콘스탄티누스
바실리카

테라니가 볼 때, 단테는 고대와 중세를 대변했다. 하지만 무솔리니는 광적인 고대 로마 연구자였고, 중세는 로마제국에 달갑지 않은 시기였다.[30] 이런 사실이 충돌하는 것처럼 보였음에도 불구하고 단테의 제국 예언은 제국의 미래라는 생생한 이미지와 결합할 경우 무솔리니가 단테를 제국의 시인으로 인정할 만큼 충분히 강력한 것이었다.

테라니는 고대에 대한 중세의 관계를 건축에의 영감을 주는 주요 아이디어로 골랐고, 이를 단테움 부지와 건물 프로그램에 통합시켰다. 왜냐하면 단테움은 단순히 정부청사도, 이탈리아 전쟁 사망자를 위한 일종의 기념비(유럽 전역의 전형적인 1930년대 기획)도 아니었기 때문인데, 이탈리아인들에게 단테움은 정치적 상징과 애국주의를 대변하는 차원을 띠고 있었다.

건축가들은 빳빳한 판자에 백분의 일 스케일의 정교한 수채 드로잉 한 벌을 준비했다.(컬러 도판 참조) 노베첸토 그룹의 저명한 화가 마리오 시로니Mario Sironi는 파사드에 쓰일 부조를 의뢰받았다. 그는 목탄스케치를 그려서 사진을 찍고 드로잉 위에 몽타주했다[그림 10]. 하지만 원래 그림들은 1944년 미군의 폭격으로 밀라노의 린제리 스튜디오가 파괴됐을 때 소실됐다.[31] 테라니는 코모에서「단테움 보고서」초안을 작성했지만, 아마 1938년 11월 알현 때 무솔리니에게 제출하지는 못했을 것이다. 1939년 초 시인이자 문학가인 마시모 본템펠리―테라니의 친구이자 『콰드란테Quadrante』의 편집장―는 린제리에게 '앨범'으로 된 보고서 사본을 받았다는 것과 국가 미술위원회Belle Arti, National

---

30 Renzo de Felice, *Intervista sul Fascismo* (Rome: Laterza e Figli, 1975) 참조. 데 펠리체(De Felice)는 마르게리타 사르파티(Margherita Sarfatti, 무솔리니의 정부이자 테라니의 친구이면서 고객)가 고대 제국과 관련해 무솔리니에게 영향을 미쳤다고 주장한다.
31 린제리는 이전에 단테움의 도면과 모형을 코모 호수에 위치한 자신의 빌라에서 없앴다. 밀라노 대성당의 지붕이 날아갔던 날, 근처에 있던 린제리의 스튜디오는 재로 화했다.

[그림 10]
마리오 시로니, 단테움 부조

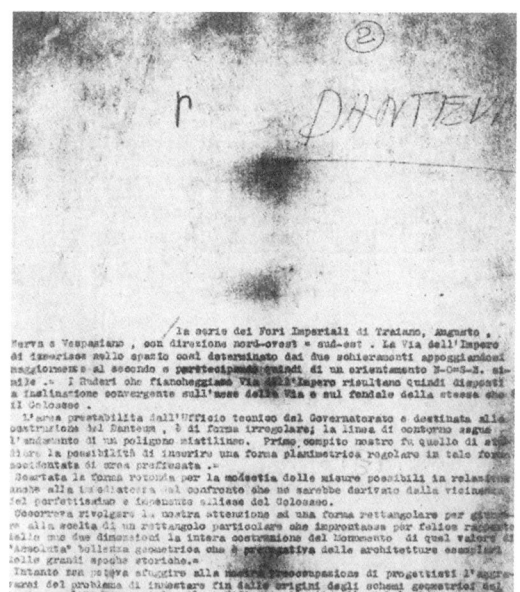

[그림 11]
「단테움 보고서」에 삽화를 넣기 위해 대략 작성한 타이핑 초안

Fine Arts Commission의 회장인 마리노 라차리Marino Lazzari 앞으로
그림을 보냈다는 내용을 담은 편지를 썼다. 이런 노력은 아무런
결실을 얻지 못한 것 같다. 본템펠리는 직접 관여하지 않았지만
단테움 스토리를 지켜봤던 주요 인물이었을 것이다. 그는 분명
문학과 건축의 관계에 대한 자료를 테라니에게 제공했을 테고,
프로젝트를 시작하는 데 꽤 많은 도움을 주었을 것이다.[32]

「보고서」자체는 거칠게 타자기로 친 원고인데, 텍스트에
삽화을 끼워 넣도록 구성돼 있다[그림 11]. 비록 일부가 빠져
있지만 테라니의 건축 및 상징적 의도를 종합할 수 있을 만큼
필요한 것은 갖춰져 있다.[33] 테라니는 코모에서 계획을 수립하고
린제리 스튜디오에서 작업하기 위해 밀라노로 통근했는데, 그는
그곳에서 린제리 가족과 함께 기식했다.[34] 대략적인 스케치와 다소
기계적으로 그려진 예비 도면을 포함하는 테라니의 예비 그림들
중 일부와 보고서 초안은 코모에 있는 그의 스튜디오에서 나왔다.
패널들과 모형은 거의 완벽한 상태를 유지하며, 현재 린제리
가문의 소유이다.

코모에서 나온「보고서」초안에는 삽화가 없지만, 최근 로마에서
발견된 두 개의 사본 중 하나에는 삽화가 들어 있다.[35] 테라니가
두 페이지에 가로질러 '단테움'이란 단어를 휘갈겨 썼던 사실을
고려할 때, 나머지 페이지는 전쟁 전에 분실했을 것이다. 패널들은

32 단테움 설계에서 본템펠리가 맡았을 만한 역할에 대한 자세한 설명은 제4장 참조.
33 처음 연구를 시작했을 때 나는 단테움이 테라니와 린제리가 동등한 정도로
협력했으며, 따라서 1930년대 밀라노 아파트를 공동 작업한 것과 비슷하다고
생각했다. 연구를 끝낼 무렵 나는 테라니가 사실상 프로젝트를 혼자 구상했고,
린제리는 마르첼로 니졸리(Marcello Nizzoli)와 루이지 주콜리처럼 프로젝트에
대한 계획을 세우는 데 도움을 주었던 것이라고 확신했다. 내 연구와 코모의
테라니 재단으로부터 최근에 입수한 그가 소장했던 드로잉은 이러한 판단을
확인해 준다.
34 에디타 린제리의 회상. 1976년 1월 에디타 린제리와의 인터뷰.
35 Giorgio Ciucci, Silvio Pasquarelli, "Un documento inedito, La ragione teorica
del Danteum(미발행 문서,「단테움에 관한 이론적 근거」)," *Casabella* (March
1986): pp. 40-41 참조.

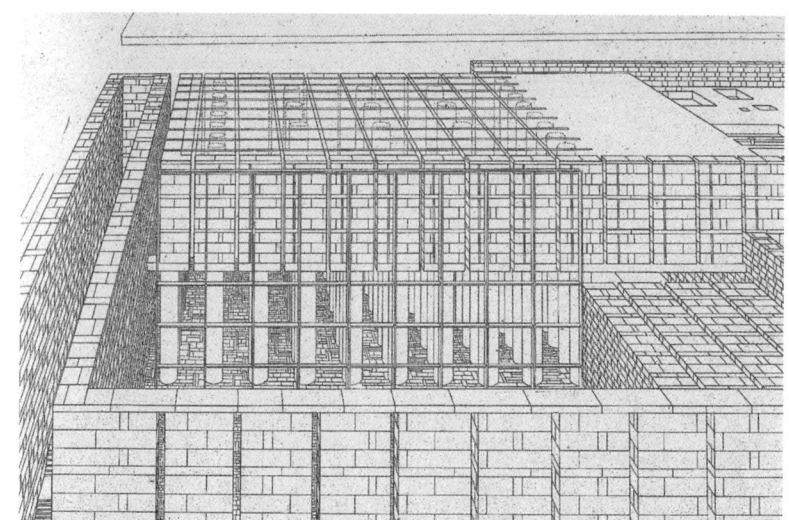

[그림 12]
단테움,
조감도, 상세

[그림 13]
단테움, 모형

잉크로 명확한 선을 표현하는 방식으로 그려져 있는데, 수채화용 종이에 서정적인 옅은 수채 물감이 입혀져 있다[그림 12]. 1970년대 초에 복원된 모형은 대리석으로 된 건물을 의도한 듯, 완전히 흰색으로 만들어져 있다[그림 13].

프로젝트는 실시도면 단계에 이를 만큼 충분히 오래 지속되지 못했지만, 기존의 프레젠테이션 드로잉들은 이탈리아 건설 산업에 필요한 일종의 실무 도면으로 금방이라도 전환할 수 있는 것이었다.

제국의 길(지금은 '로마제국 대로' 혹은 '황제들의 포럼 거리')과 카부오르 대로의 교차로에 위치한 단테움 부지는 원래 팔라초 리토리오Palazzo Littorio(국가 파시스트당 본부)를 위한 것이었는데, 이 설계경기에서 테라니와 린제리는 1934년 팀을 이뤄 참여해 최종 결선에 올랐다. 카부오르 대로 맞은편에는 중세의 적절한 상징인 요새 '백작의 탑'이 있다[그림 14/ 도판 I]. 고대 로마의 중요한 상징이자 제국과 교회 간 연결고리를 상징하는 '막센티우스와 콘스탄티누스의 바실리카'는 제국의 길을 가로질러 서 있다. 두 개의 기념비 사이에 단테움을 위한 부지가 있으며, 부등각 사변형의 부지에 직사각형의 건물이 끼워져 있다[그림 15/ 도판 II].

「보고서」에 있는 표현은 건물의 시퀀스와 구성을 설명하고 있으며 그것은 두 개의 도형, 즉 황금분할 직사각형—긴 변이 바실리카의 짧은 면과 같다—과 두 개의 겹치는 정사각형으로부터 생성된다[그림 16, 17]. 황금분할 직사각형은 테라니가 고대인들에게서 가져온 것으로, "고대 아시리아, 이집트, 그리스와 로마 사람들이 흔히 썼던 평면 도형들 중 하나"[36]이다. 또한 "'절대적인' 기하학적 아름다움의 가치가 기념비 구조 전체에 새겨질 것"[37]이라는 확신이기도 했다. 이 '직사각형 테마' 위에

---

36 테라니, 「보고서」, 7절.
37 같은 책, 3절.

[그림 14]
단테움,
백작의 탑을 보여주는
정면 투시도

[그림 15]
단테움,
콜로세움을 향한 조망,
펼쳐놓음

[그림 16]
단테움,
겹치는 정사각형에서
생성된 평면

[그림 17]
막센티우스
바실리카의 평면도에
겹쳐놓은 단테움
평면도

[그림 18]
1.60m 높이에서 본
단테움 평면

[그림 19]
단테움,
황금 사각형의 분해

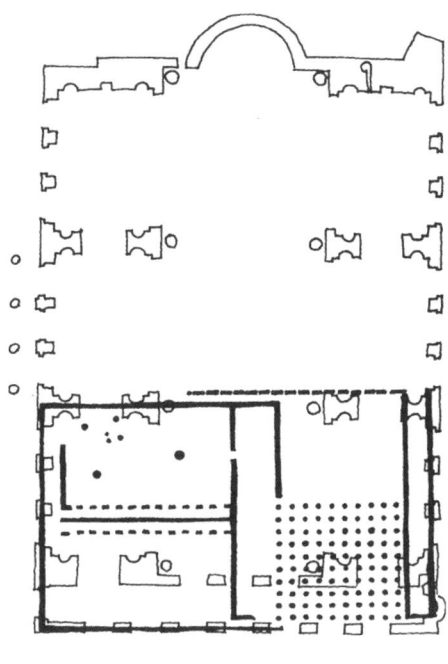

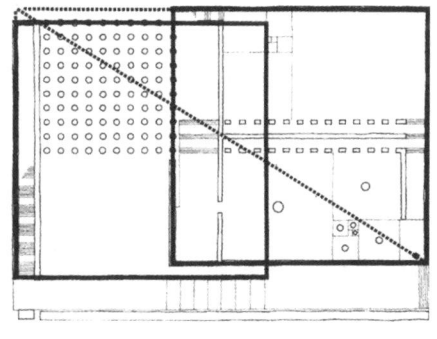

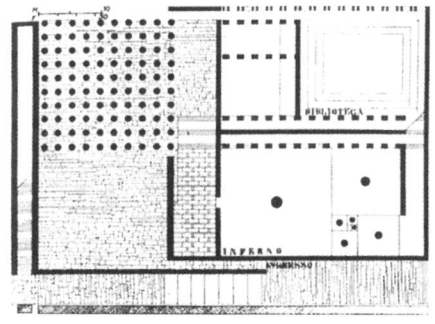

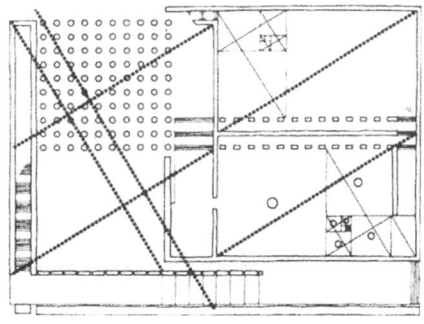

겹쳐진 한 쌍의 사각형은 평면도에서 겹치고, 테라니의 작품 및 다른 건축가들의 건물에서 다양한 소스로 파생된다.[38] 이 겹침의 목적은 다양하지만, 그 실제 기능은 건물의 입구를 만들기 위한 것이다. 테라니는 정사각형을 다음과 같이 설명한다.

> *가장 쉽게 인지되는 작품의 고유한 특징은 … 1.6미터 레벨의 평면과 1층 독서실로의 접근방식에 드러나 있다[그림 18]. 똑같은 도식이 건물의 반대편에도 만들어지며, 그곳의 앞 벽은 황금사각형의 주요 면 앞쪽에 평행하게 배치돼 또 다른 순수 정사각형을 만들어낸다.*[39]

최초의 구성적 형상들을 이루는 체계는 일련의 소규모 형상으로 이어지며, 그 과정에서

> *건물의 가장 중요한 방들의 분할을 위해 수학적이고 기하학적인 대응을 차례로 추적할 수 있으며, 평면의 작동방식은 황금사각형을 해체하는 데서 비롯된다 [그림 19].*[40]

공간의 시퀀스는 『신곡』에서 찾아낸 개념들(시를 위한 무대 만들기)과 새로운 제국에 관한 무솔리니의 해석을 테라니가 하나로 정리한 것이다.[41] 우리가 만나는 첫 번째 요소는 단독으로 서 있는 벽, 파사드다[그림 20 / 도판III].

> *이 벽은 전면에 평행하게 배치돼 있으며 길게 띠를 이룬 부조 조각들[을 전시한다] … 건물을 가리는 이 벽은*

---

38 같은 책, 10절.
39 같은 책, 11절.
40 위와 같음.
41 같은 책, 여러 곳, 특히 23–28절. 테라니의 순차적인 설명은 제5장 참조.

[그림 20]
독립 벽

[그림 21]
건물 입구는 벽 사이에 있음

출입구로 이어지는 약간 경사진 내부도로를 만들고
콜로세움을 향한 조망이 베네치아 광장에서 접근하는
방문객에게 시각적으로 개방돼 있다[그림 21].[42]

베네치아 광장에 위치한 팔라초 베네치아가 그 유명한 발코니를
가진 무솔리니의 집무실 자리였다는 것은 우연이 아니다.
실용적인 기능 외에도 이 벽은

> 거대한 칠판, (『신곡』의 칸토 수에 맞춰) 백 개의 대리석
> 블록으로 채워진 기념비적 평판平板이 됐으며, 각각의
> 크기는 『신곡』의 칸토 구성상 그것이 차지하는 위치에
> 비례한다. … 제국에 대한 암시, 참고문헌 및 알레고리를
> 담고 있는 3행 연구聯句들이나 절節들이 파사드에 새겨질
> 예정이었으며, 파사드 안의 블록들 각각은 그것이 파생된
> 칸토에 해당한다.[43]

부지의 주요 모퉁이에, 그리고 독립된 벽에서 분리돼 있는
블록 바로 뒤에 계단이 있는 것 역시 우연이 아니다. (이 계단은
출입이 아니라 건물의 시퀀스로부터 하강하는 것으로만 의도된
것이다.) 블록은 룩셈부르크의 앙리를 은유하는 '그레이하운드'를
상징하는데, 단테는 그에게서 이탈리아 통일과 로마제국의 부활을
위한 희망을 보았다.[44] (테라니에게 그레이하운드는 무솔리니이다.)
이런 이유로 단테식의 조응은 방문의 출발점에서 시작되며,
계단은 단테가 「지옥편」의 첫 번째 칸토에서 오르려 했지만
성공하지 못한 산을 나타낸다. 방문객은 벽 뒤를 통과하면서
필연적으로 이 계단을 보게 될 것이다. 테라니는 방문객이

---

42 같은 책, 13절.
43 위와 같음.
44 위와 같음.

그 자리에서 곧바로 오르는 것을 방지하기 위해 단테에 관한
방문객의 지식에 의지할 필요가 있었을 것이다.

이 파사드 뒤를 통과한 뒤 생성하는 사각형들의 중첩
영역을 지나는 것은 테라니가 『신곡』의 시작始作에 비유한 바로 그
행위다.

> 건물의 입구[그림 22, 23/ 도판 IV, 그림 24/ 도판 V]는 파사드와
> 평행하게 뒤쪽에, 대리석으로 된 두 개의 높은 벽 사이에
> 위치하면서, 그 앞면에 나란히 있는 또 다른 긴 벽으로
> 재조정돼, 또 다른 단테식의 '정당화'—"나는 어떻게
> 들어가는지 모른다. *non so ben come v'entrai.*"(칸토 I, 10) —에
> 해당할 수 있다. 이것은 방문객들이 일렬종대 행렬로 선을
> 이루면서 나아가고 중정의 정사각형 공간으로 떨어지는
> 강렬한 햇살에 의해서만 인도되는 순례의 성격을 확실하게
> 설정한다.⁴⁵

이 좁은 통로를 따라 나오는 안뜰은 구성의 나머지 사분의 일을
차지한다. "하나(안뜰) 혹은 세 개(세 개의 찬송가로 헌정된 신전
같은 거대한 방들—지옥, 연옥, 천국)의 분할을 결정하는 십자형의
기능적인 평면 계획은 수직적인 단위 계획에 중첩된다."⁴⁶
『신곡』에 헌정된 세 개의 방은 오름차순으로 배치돼 있고
직사각형의 나머지를 차지한다. 안뜰 자체는 "세 개의 기본 공간
계획에서 제외된다."⁴⁷ 『신곡』의 일부분이 아님에도 불구하고,
안뜰은 테라니에 의해 교묘하게 정당성을 부여받는다. 안뜰은
"건물의 효율성이라는 관점에서 볼 때 '의도적으로 낭비된 것'이며,
따라서 우리는 단테의 35세 까지의 삶, 즉 실수와 죄를 저지르고,

---

45 같은 책, 10절.
46 같은 책, 11절.
47 같은 책, 10절.

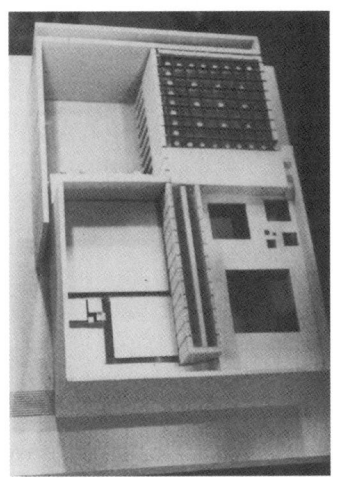

[그림 22]
단테움 모형,
위에서 봄

[그림 23]
전면 벽 사이에서 본
조망, 콜로세움 쪽을
바라본 투시도 상세

[그림 24]
단테움 입구 중정,
그 너머에 숲이 보임

그로 인해 도덕적이고 철학적인 균형을 잃어버린 삶에 대해 말할 수 있다."[48]

이 안뜰을 가로지르는 방문객은 백 개의 대리석 기둥으로 이루어진 '숲'을 발견하며, 이것은 『신곡』의 초반부에 단테가 들어갔던 숲과 비슷하다. 각각의 기둥은 천국의 바다 일부인 '주두'를 떠받친다. 주두들 사이에는 유리 조각이 있다. "커다란 조형효과를 갖고 있는 이 건축술적인 모티프는, 무엇보다 단테움의 방들로 진입하는 입구의 포티코이다."[49] (포티코를 이루는 원기둥들의 높이는 직경의 일곱 배에 달하며, 비례에 있어서는 도리스 양식과 비슷하다.) 이 공간에서 또는 건물의 뒤쪽에서[그림 25] 방문객은 평면에 도서관이라 표시된 (그리고 건물의 나머지에 비해 다소 작은 규모의) 연구센터로 진입할 수 있을 것이다. 복도를 지나 몇 개의 계단을 오르면 딱 두 개뿐인 출입구 중 첫 번째에 이르게 된다. (다른 출입구는 시퀀스의 마지막 부분에 있다.) 방문객은 다섯 개의 (아마 대리석으로 된) 독립 조각상을 지나는 경로를 따르는데, 이 경로는 드로잉에는 없지만 모형에는 포함됐다.[50] 인물상들은 고통으로 저주받은 몸부림을 나타내며[그림 26], 이 '지옥문' 너머에 있는 것의 서막이다. 단테의 시에는 지옥의 정문에 새겨져 있는 비문이 나온다. "모든 희망을 버릴지어다, 여기에 들어온 자들이여Lasciate agni speranza, voi che entrate." 그것은 『신곡』 전체에서 가장 잘 알려진 구절이고, 아마 너무 유명하기 때문에 테라니는 자신이 계획한 지옥의 정문에 그 문구를 새기는 것을 자제했을 것이다. 대신 그는 단테에 대한 방문객의 지식에 의존해 그 추상공간을 지나는 길을 인물들과 알레고리로 채웠다.

모형과 드로잉들 간의 또 다른 불일치는 설명이 필요하다. 모형은 건물 뒤쪽에 낮은 담장을 포함해, 입구 홀로 향하는

48 위와 같음.
49 위와 같음.
50 그림의 저자는 시로니의 작품과 닮았지만 확실하지 않음.

[그림 25]
모형, 뒷면 보기

[그림 26]
모형의 모습.
비탄 속에서 저주받은
선고
"그들은 말하고
듣는다. 그런 다음
아래로 던져진다."
(단테).
뒤에 있는 거대한
입구는 건물 전체에서
유일한 출입구다.

[그림 27]
단테움 모형
뒷면 상세

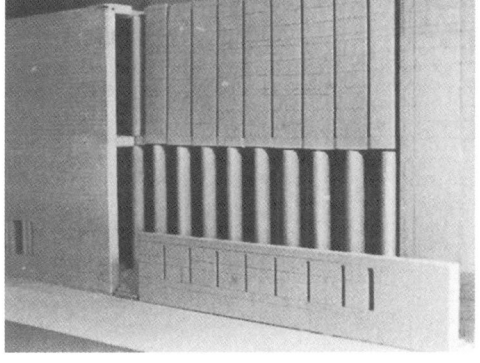

시선을 차단하고 짧은 계단 상단에서 도서관으로 향하는 통로를
제공한다[그림 27]. 그렇지만 그 담장은 평면에서 빠져있다. 그
이유는 명확하다. 구성에서 직사각형들과 정방형들의 생성을
읽지 못하도록 했을 테니 말이다. 오히려 진부하고 실용적인
요소를 수용하는 데 어려움이 있다는 것은 이상적인 기하학적
형상의 의도된 영성靈性을 강조한다. 천국을 이루는 서른 세 개의
유리 원기둥 중 하나는 마땅히 벽의 한 부분이어야 하는데[그림 32
참조], 테라니가 수와 형태를 해결하기 위해 안간힘을 쓰고 있음을
보여주는 것이기도 하다.

지옥의 분위기는, 단테움 전체가 그렇듯, 단테의 순례를
암시하고자 의도한 것이었다[그림 28/ 도판 Ⅷ].

> 시의 첫 번째 칸토에 관한 영적인 언급과 직접적인 의존은,
> 방문객에게 영향을 미치고 반드시 죽을 수밖에 없는 인간을
> 물리적으로 짓누르는 듯한 분위기를 통해 오해의 여지가
> 없는 표식으로 표현돼야만, 방문객은 단테가 그랬듯 그
> '여정'을 경험하고 감동받게 된다.[51]

테라니가 말했듯이 '수사주의'에 빠질 위험은 분명했다. 그렇다면
"장엄한 설명으로 이뤄진 텍스트를 문자 그대로 따르겠다는
집착으로부터 자유로워진 우리 마음의 문제를 재검토할" 필요가
있었다. 즉, 좀 더 추상적인 설정이 필요했다. "벽, 계단, 천장의
균형 잡힌 비례를 통해, 위쪽 태양에서 떨어지는 끊임없이
변화하는 빛의 연출을 통해 … 명상적 고립감, 외부세계로부터의
분리라는 느낌을 부여할 수 있는"[52] 그런 추상적 설정이 필요했다.
따라서 지옥에 헌정된 방은 다음 조건에 따라 분할된 단순한

---

51 테라니, 「보고서」 9절.
52 위와 같음.

직사각형이다.

> 황금분할 직사각형에 내포된 조화로운 규칙을 엄격하게 적용함으로써, 일련의 정사각형이 생성되며, 이 정사각형들은 하강하는 나선형으로 배치되고, 이론상으론 무한수이다. 정사각형들의 실현 가능한 수에서 이와 같은 분해를 중지하기 위해, 우리는 그 한계를 숫자 7로 설정했다. 방에 들어가면 한 변이 17미터인 첫 번째 정사각형에서부터 한 변이 70센티미터인 일곱 번째 정사각형으로 지나간다. 이들 정사각형의 중심을 관통하는 연속선은 나선형인데 [그림 29], 『신곡』의 지형도, 즉 지옥과 연옥의 심연을 가로지르는 단테의 여정에서 비롯된 나선이다.[53]

그 방은 "오리엔트, 그리스, 이탈리아, 이집트의 방, 그리스 신전, 에트루리아의 무덤"[54]의 건축물을 자의적으로 모방했다. 테라니는 이같은 인상을 무대장치라는 방식으로 완벽하게 표현했다. 비록 자신의 건물에 대한 싸구려 연극적 성격을 즉각 부인했지만 말이다.

> 금방이라도 일어날 것 같은, 땅의 지각地殼 아래에, 그리고 가공할 지진에 의한 무질서로 형성된 공허부空洞의 느낌을 … 방 전체를 덮음으로써 조형적으로 만들 수 있다. 줄어드는 사각형들로 분해되는 파쇄된 천장과 바닥은 … 고통이라는 파국적 느낌을 줄 것이다. … 그때 일곱 개의 원기둥은 지지하는 무게에 비례해 굵어진다. … 일단의

---

53 같은 책, 23절.
54 위와 같음.

> 원기둥을 하나의 나선에 모으는 가상의 선은 그러한
> 처리방식이 … 확실한 조형효과를 만들어 낼 것임을
> 보장한다.[55]

지옥에서 연옥으로의 이행은 첫 번째 공간의 모퉁이에서 미끄러져 나와 긴 계단식 경사로를 올라가 두 번째 공간으로 들어가는 방식으로 이루어진다[그림 30]. 방 자체는 크기와 모양 면에서 지옥의 방과 같지만 분위기는 확연히 다르다. 테라니가 단테의 구조에 의존하는 것은 단테가 그려낸 왕국의 추상화된 버전들로, 예를 들어 "끝이 잘린 원뿔형 산 … 물의 바다에 있는 섬의 모습으로,"[56] "깊은 골을 이룬 지옥의 공허부와 속이 꽉 차 있는 연옥의 신비로운 산 사이에"[57] 대조를 이루며 드러난다. 테라니는 방 한가운데에 나선형의 미니어처 산을 제시한다.

두 번째 찬송가(「연옥편」)에 헌정된 방은 "그 앞의 방과 유사한 점들을 보여준다. 황금사각형을 일곱 개의 사각형으로 세분화한 것은 동일하지만 방향은 반대이다. 처마돌림의 윤곽선이 뚜렷하게 보이는데 … 그것은 가상 구조의 '틀'을, 연옥의 산의 테라스로 제안한 것에 지나지 않는다[그림 31/ 도판 IX]."[58]

아마 의도하지 않은 연극적 은유로, 테라니는 연옥에 대한 자신의 의도를 설명한다.

> 우리가 이 두 번째 찬송가를 제대로 표현하기 위해
> 준비하려는 장면은 시적 감각을 놓치지 않는다. 그리고
> 천장의 넉넉한 개구부들을 통해 쏟아지는 넓은 태양광의
> 풍부한 빛을 활용해, 방문객이 편안함이라는 유익한
> 감각을 느낄 수 있는 분위기를 만들어, 다시 하늘로 시선을

55   위와 같음.
56   같은 책, 25절.
57   위와 같음.
58   같은 책, 26절.

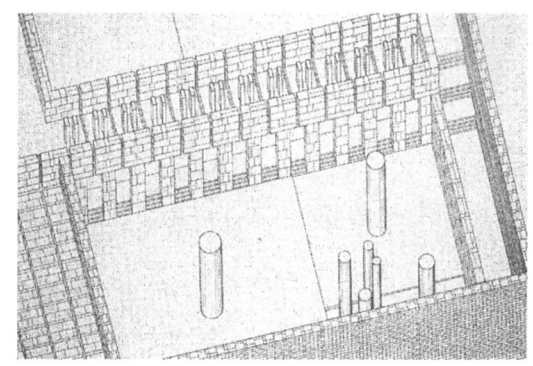

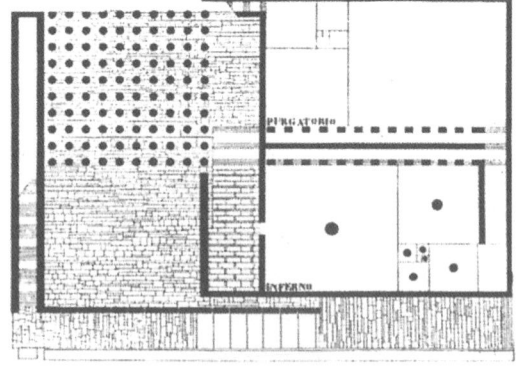

[그림 28]
지옥, 내부 투시도
희미한 빛, 짓누르는
분위기

[그림 29]
지옥의 엑소노메트릭
절단면

[그림 30]
단테움 6m 높이 평면,
두 번째 레벨

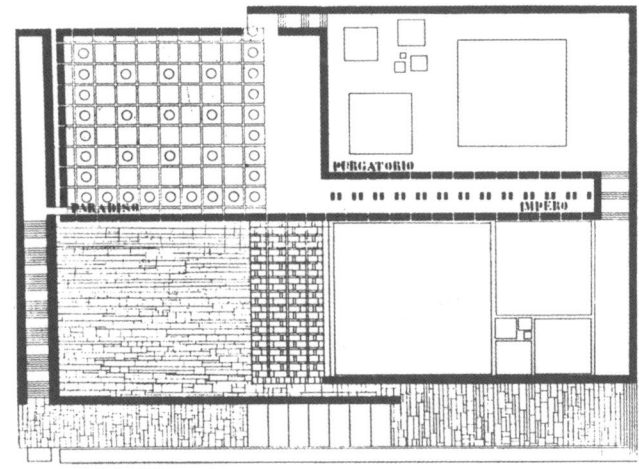

[그림 31]
연옥의 방 투시도
기하학으로 틀지어
놓은 염원

[그림 32]
10m 높이 평면, 가장
높은 레벨

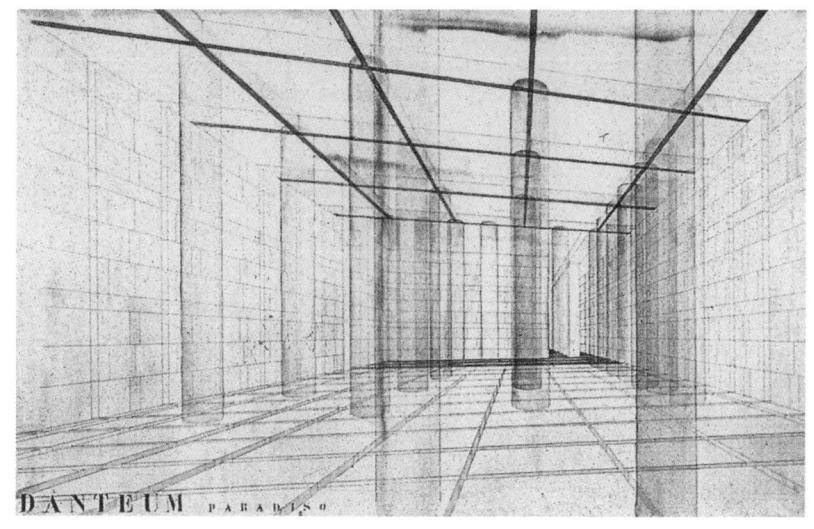

[그림 33]
천국의 방,
일상 세계 위 부유하는
방.

[그림 34]
천국의 방의 원주들,
천사처럼 투명함.

끌 테지만, 그 하늘은 *기하학*으로 틀지어져 있다.[59]

여기가 테라니의 잔존 텍스트가 차츰 잦아드는 곳이다. 하지만 불완전한 텍스트조차 그의 의도를 분명하게 드러낸다. 즉, "단테식 구성적 기준에 영적으로 연결된 절대적 가치의 조형적 인공물을 만들어 내려는"[60] 것. 그 의도는 천국, 로마제국과 그 환생에 헌정된 특별실에서 전달된다.

천국을 나타내는 공간으로 올라가려면, 방문객은 모퉁이에서 연옥을 나가서 3단으로 이루어진 세 그룹의 계단을 올라가야만 하는데, 그것은 처음에 생성된 두 개의 사각형이 겹친 부분에 위치해 있다[그림 32]. 계단은 앞의 이행을 이루는 경사 통로에 비해 좁은데—그것은 건물 입구와 같은 폭으로 일렬종대의 행렬을 강요한다—아마도 천국으로 가는 영혼의 어려운 상승을 상징할 것이다. 이 공간은 세 공간 중에서 가장 크게 해체됐는데, 여기서 물질성은 그다지 중요하지 않기 때문이다. 하지만 테라니는 이러한 효과를 그와 같은 형식의 부재보다 물질성과 건축 형태의 파괴를 통해 만들어냈다[그림 33/ 도판X]. 방문객은 그 다음 『신곡』의 천국 전 단계ante-Paradise와 비슷한 앞 공간으로 들어간다. 그 다음 방문객은 제대로 된 천국의 공간이나 제국의 방으로 나아갈 수 있다. 앞 공간에서 바라보면 천국의 구조는 분명하다. 서른 세 개의 유리 기둥이 하늘로 열린 투명한 틀을 받치고[그림 34/ 도판XI], 하늘은 아래 '숲'의 기둥들이 받치고 있는 블록들 사이에 판유리가 끼워진 동일 그리드를 따라 더 작은 부분들로 분해된 벽들로 둘러싸여 있다.[61] 공간 전체가

---

59 같은 책, 28절.
60 같은 책, 8절.
61 유리 기둥의 샘플은 세인트 고바인의 피산 사에서 만들었다. 이들 샘플은 1970년대 중반 린제리의 사무실에서 재떨이로 활용됐다. 치우치와 파스퀘랠리의 「미공개 문서Un documento inedito」, pp. 40-41 참조.

부유한다.

수비학數秘學은 다소 어렵사리 성취됐는데 그 구성은 서른 두 개의 기둥만이 쉽게 수용될 수 있었기 때문이다. 마지막 기둥은 천국의 뒷벽 일부를 없애고 삽입됐다. 이 모티프는 프로젝트에 대한 테라니의 명확한 첫 번째 도면에 분명하게 드러나지만 나중에 생각한 것처럼 보인다.

디자인은 정사각형을 중첩하는 설계에 따라 황금사각형의 계획을 드러낸다. 천국에서 황금분할 사각형은 앞 공간과 다시 가로로 이어지는 계단 상부의 인접공간을 포함한다. 직사각형에서 떨어져 나온 정사각형은 천국을 나타내고 하늘로 향한 조망을 틀 짓는 원기둥 그리드와 투명한 보들의 경계와 일치한다.

가장 거룩하고 성스러운 공간들로의 상승 체계에 따라, 빽빽한 곳에서 열린 곳으로의 진행—지옥, 연옥, 천국—은 마침내 방문객을 제국에 헌정된 방으로 인도한다[그림 35/ 도판 XII]. 이처럼 긴 복도로 된 방은 지옥과 연옥 양쪽에서 방을 대신하고 제국의 길 축선과 평행을 이루며, 이것과 베네치아 광장 및 콜로세움의 관련성을 다시 언급함으로써, 단테움은 테라니가 생각하는 제국의 축소판이 된다.

천국과 제국의 방의 상호 의존은 (그리고 말 그대로의 분리는) 교회와 제국의 상호의존을 상징하며, 단테는 그 각각이 신으로부터 직접 연원하는 것이라 믿었다. 테라니는 이러한 상황에 대한 희망을 분명히 한다.

근본적인 영적 중요성을 지닌 이 방은 건축 전체의 기원을 의미한다. … 따라서 그것은 작은 공간들을 지배하고 빛을 부여하는 신전의 중랑中廊으로 해석될 수 있다. 주제에 관한 언급은 명확하다. 단테가 궁극적 목적이자 무질서와 부패로부터 인류와 교회를 구원하는 유일한 방안이라고

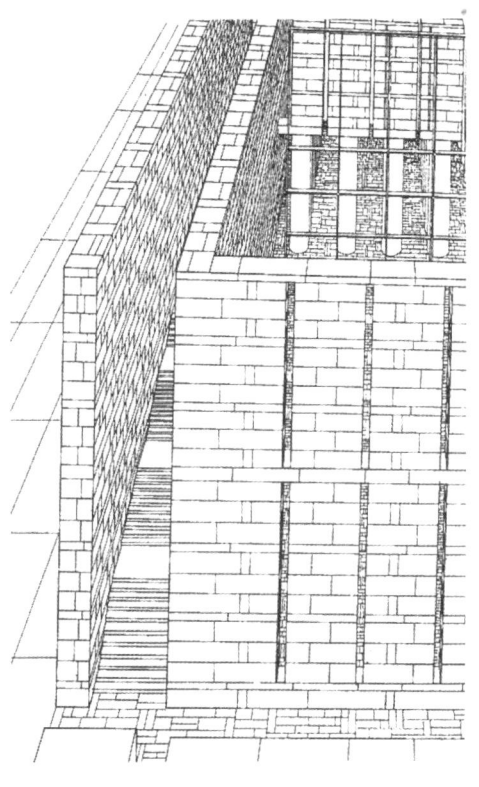

[그림 35]
제국의 방
"건축적 총체의 배아"

[그림 36]
천국으로부터의 하강,
그레이하운드
(무솔리니의 뒷면)와
축선을 함께 함.

생각하며 예견했던 것은 보편적인 로마 제국이었다.[62]

단테는 자신의 『신곡』을 떠날 필요가 없었다. 그래서 그는 천국에서 형언할 수 없는 신의 비전을 선포하고 자신이 그 비전을 이해할 수 없음을 말할 수 있었을 것이다. 『신곡』은 거기에서 끝난다. 반면에 테라니는 방문객을 천국 밖으로 내보내 거리로 물러서도록 해야 했다. 그는 천국의 건너편 작은 문으로 방문객들이 빠져나가 거리로 이어지는 긴 연속 계단을 따라 내려가도록 함으로써 이를 수행한다[그림 36]. 계단을 내려오면서, 방문객은 독립 벽의 일련의 부조 맨 앞에 있는 대리석 블록을 다시 마주한다. 바로 그 '그레이하운드'.

「단테움 보고서」는 비범한 문서다. 그것은 인위적으로 현란한 문체(심지어 테라니조차)로 쓰였으며, 누가 봐도 무솔리니를 모방한 반복, 허풍, 심지어 불합리한 추론을 포함하고 있으며, 이 모든 것은 총통에게 깊은 인상을 남겼을 것이다. 테라니는 '제품을 팔기 위한' 문서로 썼을 테지만, 재능을 가진 건축가이자 파시즘의 신실한 신봉자인 그가 그것들을 믿지 않고서 의미, 유사성 및 참고문헌으로 가득한 건물을 창조해냈을 것 같지는 않다. 그래서 우리는 「보고서」를 그가 진심으로 하는 말로 읽어야 한다.

「보고서」의 글과 건물의 구체적인 참조 요소를 탐구하는 것은 테라니—코마스코의 지식인, 독실한 가톨릭 신자 그리고 파시스트 당원—가 인용한 사건, 사물 및 인물의 의미를 가려내고자 하는 것이다. 왜냐하면 테라니는 우리에게 많은 것을 알려주지만, 자신의 깊은, 심지어 무의식적인 의도에 대한 추측을 끌어내기라도 하듯 충분히 말하지 않은 상태로 남겨두기 때문이다.

62 테라니, 「보고서」 12-13절.

나의 아들아! 자연적이거나 이성적이거나 간에, 사랑 없이는 일찍이 조물주도 피조물도 없었다. … 자연적인 것은 늘 오류가 없단다. 하지만 이성적인 것은, 악의적인 목적으로 인한 것이든, 활력이 너무 없어서이든 활력이 지나쳐서이든 오류가 있을 수 있단다.

단테, 「연옥편」, 칸토 XVII

제2장
테라니와 그의 소스들:
고대적인 것과 현대적인 것

나는 여기서 단테움이 테라니의 경력에서 정점을 나타내며 그의 이전 작업 모두가 서곡으로 볼 수 있다고 주장할 생각은 없다. 하지만 테라니의 작품에는 1930년대 초반 처음 등장하고 단테움에서 가장 명시적으로 드러나는 특성이 있다. 따라서 단테움을 예비하는 테라니의 작품을 논의하는 것이 중요한데, 이는 그 프로젝트가 처음 등장했을 때보다 별로 이례적이지 않다는 것을 파악하기 위해서다. 마찬가지로 모든 소스가 단테움 계획에 직접적인 영향을 준 것은 아니라 하더라도, 테라니가 원 자료를 적용한 폭과 깊이를 설명하고자 한다.[1] 그렇지만 가장 중요한 것은 역사와 역사적 선례에 대한 테라니의 태도 중 일부라도 파악하려고 노력하는 것이다.

       테라니는 건축 및 예술 경력 전반에 걸쳐 두세 번 표절로 기소될 정도로 자신이 받아들인 다양한 종류의 이미지에 의존했다.[2] 주세페 로키Giuseppe Rocchi는 그를 "이질적인 참조 더미를 수집하는 유능한 절충주의자"[3]라 불렀다. 나는 테라니의

---

1   1980년에 『테라니의 단테움』이 처음 출판된 후, 수많은 학자와 관찰자들이 진정으로 발견에 몰두하면서 단테움의 잠재적 소스와 관련한 기록들을 인용했다. BBPR(반피Banfi, 벨지오조소Belgiojoso, 페레수티Peressutti, 로저스Rogers)의 팔라초 리토리오 프로젝트, Richard Etlin, *Modernism in Italian Architecture, 1890–1940*, Cambridge, MA : MIT Press, 1991, p. 523 참조)의 sarcario성역 같은 일부는 다른 것들에 비해 타당성이 있다.
2   코모의 카사 델 파쇼에 대한 표절 논란과 같은 전형적인 사례를 다룬 기록문서에 대해서는 엔리코 만테로Enrico Mantero, *Giuseppe Terragni e La Città del Razionalismo in Italia* (Rome: Dedalo, 1969)를 참조할 것.
3   주세페 로키, 「보고서」, *L'Architettura* 163 (May 1969).

모든 작품을 그처럼 단순한 용어로 폄하하지는 않겠지만, 그가
가스 생산 작업장Officina per la Produzione del Gas(1927)에서부터
표준화된 주유소Stazone di Benzina Standardizzato(1940)에 이르기까지
변형을 위해 여러 자료를 활용해 변주를 일으킬 수 있는 건축
테마를 수집했던 것은 사실이다.

테라니는 세부 형태들을 직접 모방하는 것에서부터
시작해 계획 및 부분 형태들을 적용해 스케일이나 기능에
상관없이 '발견된 오브제objets trouvés'를 통합하는 쪽으로 나아가
마침내 인간 활동이나 정적인 구조적 요건들과는 무관한 기하학적
질서 체계를 각색하는 식으로 자신의 원 자료를 다뤘다. 엄밀히
연대기적이지 않은 (몇몇 그의 후기 작품은 물질적인 형태로 파생된
것임.) 이러한 형태적 발전과 더불어, 상징적 내용의 발전은
그와 달리 연대기적 패턴을 따른다. 테라니의 상징적 내용은
북유럽의 새로운 건축을 모방해 현대적 재료와 기술의 건축적
은유를 창조하는 것으로 나타난다. 그 후 1932년경 다양한
파시스트 이상을 표출하는 것으로 바뀌었고, 결국 보다 일반적인
문화·역사·문학적 표현방식으로 돌아섰다.

단테움은 테라니의 상징적 내용물과 함께 기하학적
질서로 자료가 수렴된 사례 중 하나이다. 따라서 이것은 테라니의
건물이나 프로젝트 중 가장 독립적이고 독창적인 진술일 텐데,
이는 그 건물이 합리주의적이거나 기념비적이라는 식으로 유형을
고정할 수 없다는 사실로 인해 두드러진다. 또한 두 극단의 논쟁과
스타일 사이의 단순한 타협도 아니다.

가스 생산 작업장[그림 37]은 기술적인 프로그램이
건물들의 형태와 구조체계를 결정하는 듯 바람개비처럼 돌아가는
평면에 표현된 단지의 볼륨감과 구성 그리고 각 부속건물의
기능적인 특이성을 지닌다는 점에서, 한 해 앞서 지은 발터
그로피우스의 바우하우스 복합교사동과 닮았다[그림 38]. 테라니의
구조적 형상화가 지닌 낭만주의는 또한 그가 다양한 국제

[그림 37]
테라니,
가스 생산 작업장(가스 작업 프로젝트),
1927

[그림 38]
발터 그로피우스, 바우하우스 단지, 데사우,
1926, 모형

[그림 39]
테라니,
노보쿰 아파트, 코모,
1927-29,
2차 세계대전 이후 인접 건물 위층이 추가됨.

잡지를 통해 친숙해진 러시아 구축주의 건축을 연상시킨다. 예를 들어 리시츠키의 레닌 연단 같은 구축주의 작품처럼 가스 생산 작업장은 다소 믿기 어려운 구조시스템을 보여주는데, 이는 그와 같은 구조물들을 건설 가능할 듯한 미래의 은유로 의도한 것이다. '작업장' 프로젝트는 더 나아가 근대건축 양식들을 콜라주한 것이다. 그것은 르 코르뷔지에의 방식으로 필로티 위에 기묘한 모양을 한 파빌리온, 베렌스의 작품을 상기시키는 직사각형의 볼륨 안에 포함된 아치형 지붕으로 닫힌 로프트 공간, 멘델존의 초기 건물같이 둥근 모서리를 가진 낮은 부속건물, 그리고 익명의 토목공사를 상기시키는 십자모양의 지지대 위에 얹혀 있는 물탱크를 포함한다.

테라니가 각색한 것으로 추정되는 것 중 가장 유명한 것은 코모의 노보코뭄 아파트Novocomum apartment(1927~29)와 카사 델 파쇼(1932~36)이다. 노보코뭄 아파트[그림 39]는 비록 테라니가 표절했다는 주장이 제기되는 코너 상세부가 인접한 기존 건물, 즉 카란치니Caranchini가 1926년 설계한 첫 번째 노보코뭄 바로 옆에 있었지만, 1926년 모스크바에 세워진 골로소프Golossov의 취예프 클럽Zuiev Club과 연관된다.[4] 카사 델 파쇼는 수많은 비평가 및 동시대인들에 의해 많은 건물과 연결됐는데, 브루노의 베스나 스쿨Vesna School[그림 40]과 카셀의 요양원[그림41]도 포함돼 있다. 테라니는 이 두 건물을 표절한 혐의로 기소되기까지 했다.[5] 테라니의 표절 혐의를 비난하려는 또 다른 시도는 피아첸티니가 제기했다. 그는 1941년 레비오에 위치한 테라니의 카사 델 플로리콜토레Casa del Floricoltore를 안토닌 레이몬드Antonin Raymond의

---

4 노보코뭄과 취예프 간의 명백한 형식적 유사성은 많은 관찰자와 학자들이 지적했듯이 그 시기의 여타 수많은 건물에서도 나타난다. 주콜리는 노보코뭄에 대한 초기 계획이 만들어진 이후까지 테라니가 실제로는 취예프의 발표를 알고 있었다는 점을 부인했다. Luigi Zuccoli, Report, *L'Architettura* 163 (May 1969) 참조할 것. 또한 Dennis Doordan, *Building Modern Italy* (New York: Princeton Architectural Press, 1988), p. 56 참조.

5 논쟁은 신랄했다. 익명, 「유용한 비교: 누가 표절하는가? Confronti utili: chi

[그림 40]
보후슬라브 푹스,
브루노에 있는 베스나
초등학교
1928

[그림 41]
O. 히즐러와 K. 볼커,
요양원,
카셀, 독일,
1932

도쿄 건물과 나란히 게재했으며, 이는 현대적 양식이 문화나 기후의 맥락과 무관하게 돌아다니고 있음을 암시한다.[6]

테라니는 코모 인근 에르바에 노베첸토Novecento의 고전 어휘를 사용한 전쟁기념관을 설계했는데[그림 42], 이는 코모 묘지에 자신이 설계한 두 개의 묘에서 고전적 어휘를 떼어낸 것과 유사하다. (이에 반해, 테라니 자신은 에르바 기념관을 이탈리아 최초의 합리주의적 1차 세계대전 기념비로 언급했다.) 현대와 고전 양식을 결합하려는 이 같은 경향으로 인해, 주세페 로키는 테라니의 예술적 기질 안에 일종의 분열이 있다고 주장하게 됐다. "에르바 기념관, 스테키니 묘Stecchini Tomb, 알베르고 우체국Albergo Posta, 피로바노 묘Pirovano Tomb, 단테움, 리소네에 위치한 카사 델 파쇼는 테라니의 오른손, 즉 독재적이고 파시스트적인 손이 만들어낸 것들이고, 나머지 작업들은 왼손, 즉 국제적이고

---

plagia?」 in *La Sera* (6 January 1937)와 Alberto Sartoris, "Terragni plagia Terragni o i doveri dell'onesté(테라니는 테라니 자신이나 정직의 의무를 표절할 뿐이다)" in *L'Italia* (17 January 1937) 참조. 이러한 기록과 기타 문서는 Mantero, *Giuseppe Terragni*에 재간행됐다.

6   Marcello Piacentini, "Strani Avvicinameti," *Architettura* (August 1941), pp. 400–401.

[그림 42]
테라니,
에어바에 있는 전쟁
기념비 스케치
계단 바닥은 르네상스
원형으로부터 파생됨.

[그림 43]
테라니,
부스토 아르시치오,
중학교 설계경기,
1934

[그림 44]
잘비스베어크와
브레흐뷔흘,
베른대학교 건물
1932년 아르키테투라
에서 출판됨.

'유럽적인'(이탈리아적인 것이 추가된) 손이 만들어낸 것들이다."[7] 그러나 단테움은 로키의 과도한 단순화를 받아들이더라도 보다 정확히 그 가운데에 놓여 있다.

테라니가 고전 디테일에 의존하는 방식은 30년대에 들어서면서 퇴조를 보이는 것 같다.[8] 테라니의 방식은 초기 미스나 르 코르뷔지에의 방식으로 근대적 이상이나 자유-평면 계획은 꼭 아니더라도, 곧 근대적 형태의 세부 언어를 고수하게 됐다.

테라니 건물의 가장 직접적인 파생물은 부스토 아르시치오Busto Arsizio의 중학교 설계경기(1934)의 당선작일 것이다[그림 43]. 테라니는 이 프로젝트에서 베른대학교에 있는 어떤 건물로부터 모티프를 빌려왔는데, 그 건물은 두 해 전 『아르키테투라』에 게재된 것이었다[그림 44].[9]

1930년대 초반, 테라니는 자신의 가장 유명한 건물이자 반박의 여지가 없는 걸작인 카사 델 파쇼를 설계했다. 체사레 데 세타가 주목한 바에 따르면, 카사 델 파쇼[그림 45]는 르네상스 궁전계획의 전통과 밀접한 관련이 있다.[10] 카사 델 파쇼를 로마의 팔라초 파르네세Palazzo Farnese[그림 46]와 같은 전형적인 르네상스 궁과 대조해본다면, 우리는 카사 델 파쇼의 평면 형식이 그 모델과 얼마나 닮았는지를 즉각 알게 될 것이다. 또한 축/십자축의

---

7 Rocchi, *L'Architettura* 163. 물론 로키의 분석은 정치와 양식의 관계에 관한 CIAM의 가치에 기반하고 있으며, 그가 이런 진술을 한 후 20년 동안 그 가치들은 혹독한 비난을 받았다.
8 1931년에 완공된 스테키니 묘는 고전적인 디테일을 보여주는 테라니의 마지막 건물이다. 피에르카를로 린제리는 그의 아버지가 실제로 그 묘를 설계했다는 의견을 표명했지만 테라니 재단의 증거는 (1976년 필자에게 말했던) 린제리의 진술과 상반된다.
9 *Architettura* (October 1932) p. 568 참조. 이러한 각색은 테라니 혼자만 그런 것이 아니었다. 데 아퀴네가(de Aquinega)와 아이스푸루아(Aispurua)의 스페인 카르타헤나의 중등학교(1932)를 위한 프로젝트는 베른의 살비스베어크(Salvisberg)와 브레흐뷔흘(Brechbuhl) 건물과 유사하다.
10 Cesare De Seta, *La Cultura Architettonica in Italia Tra le Due Guerre* (Bari: Laterza, 1972), p. 206 "[그것은] 철근콘크리트로 지은 르네상스 궁전이다. (저자의 번역)"

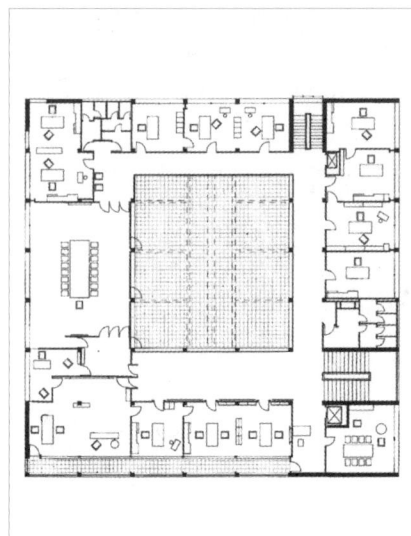 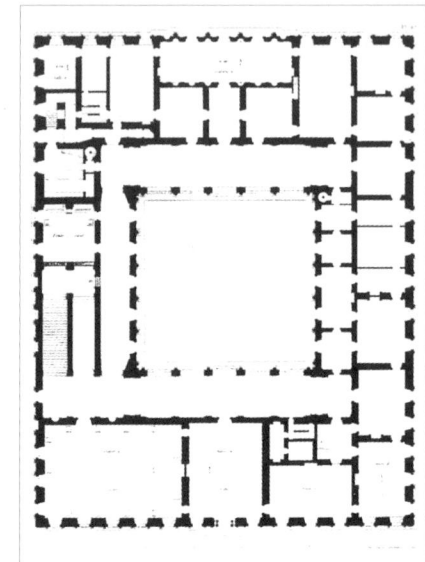

[그림 45]
테라니,
카사 델 파쇼, 코모,
두 번째 레벨의 평면

[그림 46]
16세기 로마,
팔라초 파르네제.
두 번째 레벨의 평면

[그림 47]
미켈란젤로,
팔라초 누오보,
카피톨리노 언덕,
로마,
1538-61

86   테라니와 그의 소스들: 고전적인 것과 현대적인 것

레이아웃, 주요 층piano nobile과 응접실grand salon로 이어지는 경로가 있는 공간의 시퀀스는 두 건물 모두 비슷하다. 카사 델 파쇼의 보다 전통적인 면은 말 그대로 네 개의 복합적이고 복잡한 파사드로 가려져 있는데, 거기에는 다양한 창 내기가 근대적 구축이라는 이미지로 구조체계 내에 통합돼 있다. 다양한 층위를 드러내기 위해 파사드를 벗겨내는 계획은 르 코르뷔지에의 정통 모더니즘보다 16세기와 17세기 선조들의 것과 더 많이 연관돼 있는데[그림 47], 캔틸레버 바닥으로부터 파사드를 형성하는 르 코르뷔지에의 방식은 테라니의 모티프와는 정반대다.

  다른 곳에서 테라니는 이탈리아 합리주의 건축가들에게 가장 지대한 영향을 끼친 단 한 명, 르 코르뷔지에에게 크게 의존했다.(그 이유는 단순하고 특이하다. 즉 르 코르뷔지에는 북유럽에서 가장 지중해적인 스타일을 지니고 있었다.) 테라니와 린제리가 설계한 밀라노의 카사 토니넬로Casa Toninello(1933)[그림 48]와 1927년 르 코르뷔지에가 계획한 메종 플레네Maison Planeix[그림 49]는 매우 흡사하다. 두 건물에서, 캔틸레버로 된 중앙집중식 요소의 볼륨 표현은 평면의 구성방식을 거부하고 대신 가로의 기존 건물들이 지닌 스케일과 리드미컬한 분할에 대한 제스처를 취한다. 마찬가지로 두 경우 모두 맥락을 이루는 건물들의 측면 치수가 세 부분으로 나뉜 파사드(건물 정면)와 준 사적 공간으로 이뤄진 얕은 구역에서 반복된다. 메종 플레네와 카사 토니넬로에서, 긴장된 파사드 뒤에 있는 공간들은 건물 정면이 암시하는 대칭공간이 아니다. 17세기 파리식 대저택의 전통에서, 르 코르뷔지에는 가로와 연관돼 있고, 콘크리트 프레임의 표현 가능성에 따라 결정된 이상적인 파사드를 개발했다. 메종 플레네는 모더니즘의 역작이고 카사 토니넬로는 그 건물을 상기시키는 평면을 포함해 세련되게 모방한다 [그림 50, 51].

  1930년대 테라니의 지어지지 않은 프로젝트 중 가장

[그림 48]
테라니와 린제리, 카사 토니넬로, 밀라노, 1933
경관

[그림 49]
르 코르뷔지에, 메종 플레네, 파리, 1927
경관

[그림 50]
카사 토니넬로, 평면

[그림 51]
메종 플레네, 평면

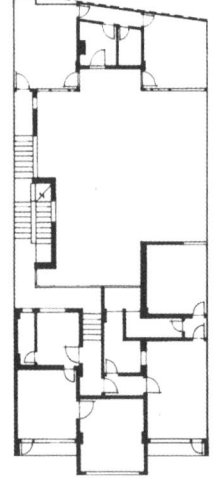
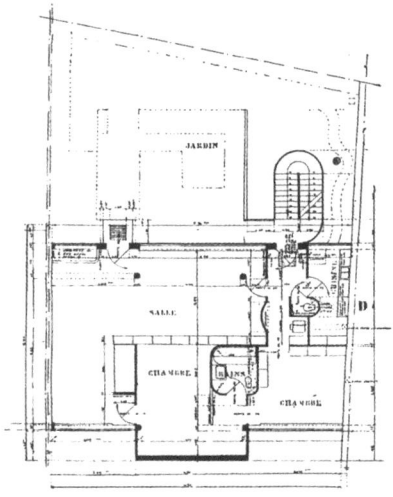

88   테라니와 그의 소스들: 고전적인 것과 현대적인 것

중요한 작업은 피에트로 린제리, 루이지 비에티Luigi Vietti, 에르네스토 살리바Ernesto Saliva, 공학자 안토니오 카르미나티Antonio Carminati 및 화가 마르첼로 니졸리Marcello Nizzoli, 마리오 시로니와 협업으로 설계한 팔라초 리토리오(1934)의 설계경기 응모작이었다.[11] 이 건축가들은 역사적 선례를 적용하했는데, 그들이 적용한 선례를 설명한 방식은 여기 단테움과 관련해 약간 흥미로운 점이 있다. 테라니와 린제리는 4년이 지나서야 이를 정부에 발표했다.

팔라초 리토리오, 해법 A는 현대와 고대풍의 아이디어를 결합한 것인데, 심지어 이탈리아에서도 근대운동의 특징 없는 방식으로 통합됐다. 건물은 로마의 제국의 길에 자리할 예정이었다.(이 부지의 일부는 나중에 단테움을 위해 선택됨.) 이곳은 고고학적인 지역이었고, 이러한 특성은 건축가들이 영원한 도시 로마의 유적에서 솟아오르는 요소들을 비범하게 콜라주할 수 있도록 하는 중요한 디자인 결정 요인이었다.

이 가로는 최근 무솔리니의 로마에 추가된 곳으로, 마구잡이로 진행된 고고학적 발굴과 더불어, 무솔리니가 자신의 제국에 적합한 새로운 도시를 창조할 필요성과 옛 제국의 상징인 고고학적 유적들에 대한 그의 관심 모두를 상징하는 것이었다. 이 가로는 파시스트 혁명 10주년을 기념하기 위해 1932년 개통됐고, 무솔리니의 본부이자 권력의 거점인 베네치아 광장과 고대가 가장 크게 살아 숨 쉬는 콜로세움을 이어주는 것이었다.(로마에는 "콜로세움이 무너질 때, 로마는 무너질 것이다."라는 말이 있다.) 제국의 포럼들로 대부분 뒤덮인 가로는 이제 공화국 포럼의 도시 윤곽을 형성하게 됐고, 막센티우스와 콘스탄티누스 바실리카는 고대 이후 처음으로 높이의 사분의 일을 가렸던 기단석 돌무더기와

---

11 최근 연구는 해법 A라 불리는 두 가지 계획 중 첫 번째에서 루이지 비에티가 중요한 역할을 했다는 것을 보여주는데, 해법 A는 테라니와 그의 친구들이 설계경기에 제출한 안이다. Carol Rusche, "Terragni e Vietti", International Conference on Giuseppe Terragni, (Lovenno, Italy, 1989)에서 발췌.

집들로부터 완전히 해방됐다[그림 9].

바실리카는 실제로 설계경기의 형태적이고 상징적인 프로그램에서 중요한 구성요소였다. 설계경기의 지침서를 작성한 피아첸티니는 참가자들에게 모든 건물형태들—"심미적인 목적에 필요한 형태들을 제외하고"[12]—을 그 기념비의 최고 높이보다 낮게 유지해 바실리카와 참가자들의 디자인을 연계시키라고 요구했다. 아마도 릭토르 탑은 심미적인 목적으로나 상징적인 목적 모두에 유용했을 것이다.

팔라초 리토리오의 높은 인지도와 공공성은 건물의 부지와 목적에 적합한 건축 양식에 대한 강한 감정을 불러일으켰다. 심사기간 동안 수많은 의견이 있었다. 예를 들어 민의원의 전형적 주장은 이러했다. "제국의 길에서 우리는 조심스럽게 걸어야 합니다. 왜냐면 그곳은 로마문명 전체를 통과하기 때문입니다. (큰 박수) 우리는 제국의 길에 피렌체 기차역을 설치해선 안 됩니다."[13] 이것은 명백한 반反 합리주의적 성명으로, 민의원이 볼셰비키나 게르만적인 것(1934년 독일은 여전히 이탈리아의 적국이었다.)으로 간주된 건축물을 선호하지 않을 것임을 조반니 미켈루치Giovanni Michelucci의 피렌체 기차역 설계 당선안을 언급함으로써 설계경기 참가자들에게 경고한 것이었다.

파시스트 이탈리아의 건축 정서를 나타내는 지표처럼, 그 결과 응모작들은 전통적인 것과 현대적인 것, 로마적인 것과 국제적인 것으로 양식이 나눠져 나타났으며, 각 계획안은 파시즘의 영광을 요약하고자 노력했다. '국제적인' 쪽과 가장 밀접하게 연계된 계획안은 피지니와 폴리니(테라니와 더불어 그루포 세테의 구성원)가 함께 한 BBPR그룹의 계획안이었다[그림 52]. 이

---

12 프로젝트의 전체 문서는 *Architettura* (October 1932) 특집호 참조할 것.
13 *La Sera* (28 May 1934), Mantero, *Giuseppe Terragni*, pp. 122-123. 재간행.

[그림 52]
BBPR, 피지니와 폴리니, 팔라초 리토리오 설계경기, 1934년 모형. 명백히 현대적인 계획으로 당선 가능성은 없었음.

계획안은 상을 받지 못했지만 주세페 파가노가 『카사벨라』에서 특집으로 다뤘다.[14] 그와 같은 계획안은 1930년대 미국을 포함한 민주주의 국가 진영에서는 별로 관심을 받지 못했을 것이다. 이 경우 대중 여론은 분명 아방가르드에 불리했다. 일간지들조차 비난의 목소리를 냈다. 예를 들어 『라 세라』의 1934년 5월 28일자는 반 합리주의적인 비판을 쏟아냈다.

> 우리 모두는 일치된 의견을 갖고 있습니다. 카사 리토리아는 심적으로 '공적 용도'를 지닌 '기념비적 건물'입니다. 그 건물은 기념할 만한 뭔가를 기념합니다. 그것은 사상을 대변합니다. 그것은 항상 현실적이고 실제적인 방식으로, 시간을 관통해 그 사상을 표현해야 합니다. 그것은 우리 역사에 관한 사상입니다. 그런 이유로 카사 리토리아는 … '합리주의'의 산업적이고 상업적인 형태를 거부해야만 합니다.[15]

테라니와 그의 동료들은 그러한 정서를 높이 평가했고, 양식상의 문제를 이해했다. "백분의 일 척도로 된 평면에서 보여주듯, 순수한 형태(직사각형과 원)로 그 지역의 도시적 특성을

---

14 *Casabella* 82 (October 1934), pp. 10–13. 참조.
15 *La Sera*, 28 (May 1934) Mantero, *Giuseppe Terragni*, p. 123.

되살리려는"[16] 자신들의 의도를 설명하기 위해, 건축가들은 팔림프세스트palimpsest라는 개념을 도출해낸 고대와 현대의 맥락을 모두 포함하는 기본 지도를 선택하는 것으로 시작했다[그림53]. 그들은 대규모 단지계획에 설계경기 프로그램에서 가져온 프로젝트 부지의 조감도와 고대작품을 표시한 두 개의 그림―미케네 문명기 티린스의 복합건물과 로마 유적을 포함하는 필레의 고대 이집트 이시스 신전―을 붙여넣었다. 티린스는 하나의 테마―테두리 벽―로 통합된 다양한 요소의 복합건물을 보여주기 위해 선택됐는데, 이 테마는 팔라초 리토리오 계획의 엄청나게 큰 파사드와 개념적으로 일치하는 것이었다[그림 54]. 필레의 신전은 거대한 탑문塔門 벽 때문에 포함됐는데, 사람들은 그 벽을 통해 성소로 가는 길로 나아간다. 팔라초 리토리오, 해법 A의 동일 공간 시퀀스는 탑문 파사드를 관통하는 통로이며, 이 길을 통해 무솔리니는 대중연설을 하기 위해 하늘을 배경으로 실루엣을 그리며 걸어갈 것이다[그림 55].

더 작은 부지계획에는 일련의 고대건축 삽화가 덧붙었는데, 이는 건축가들이 사용하는 역사 속의 원리와 개념을 설명하기 위한 것이었다. (이들 중 일부는 그림 56~59에서 볼 수 있다.) 건축가들은 이처럼 이미지들로 구성된 콜라주를 조합하고, 그 예제에 표제를 넣는 데 꽤나 어려움을 겪었다. 그 표제들은 해법 A가 고대 대응물과 공유했던 스케일, 배치형태, 기하학의 관계에 관한 구체적 형식을 설명한다.

이 삽화들 중에서, 우리 논의와 관련해 가장 중요한 것은 다음과 같다. 로마식 건물의 콜라주[그림 56], 고대 이집트의 무덤 [그림 57], 아테네의 아크로폴리스[그림 58], 바로크 계단 단면, 파르테논 신전의 파사드[그림 59], 파에스툼의 포세이돈 신전, 로마

---

16 테라니가 쓴 편지, 1934년 10월 25일 국립 리토리오 설계경기에서 밀라노 그룹의 친구들을 위해 테라니가 출품자에게 제공. Mantero, *Giuseppe Terragni*, p.126. 재인용.

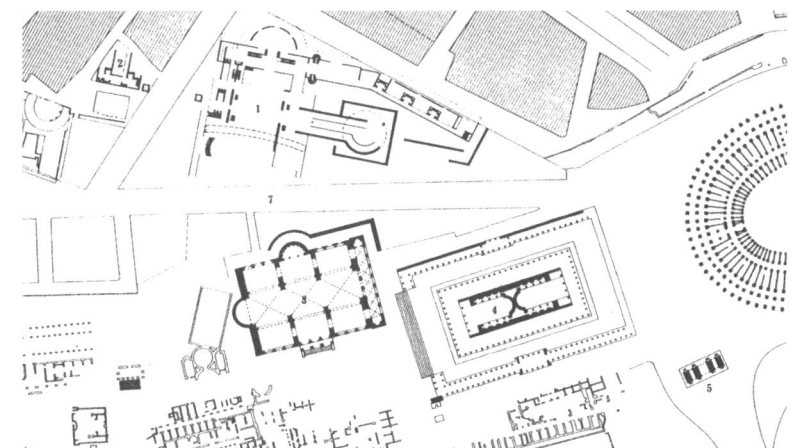

[그림 53]
테라니, 린제리,
비에티, 살리바,
카르미나티, 니졸리,
시로니.
팔라초 리토리오
설계경기,
해법 A, 부지계획

[그림 54]
팔라초 리토리오,
해법 A,
완전한 앙상블 모형,
제국의 길 건너편의
콜로세움, 막센티우스
바실리카

[그림 55]
팔라초 리토리오,
해법 A,
하늘을 배경으로
실루엣을 이룬
무솔리니. 드로잉

극장의 평면, 로마식 아치천장을 그린 슈아지의 드로잉.(마지막 세 개는 여기에서 상세히 다루지 않는다.) 각각의 선례가 어떻게 선택됐는지 설명하는 표제들은, 이 고전 건축들의 바탕이 되는 원칙들을 이해하기만 하면 근대건축에서도 동일한 효과를 얻을 수 있음을 보여준다.

특정 표제들은 중요한 의미가 있다. 고대 및 원시 성지들을 그룹화한 것은 "그 개념을 3차원으로 끌어올리는, 원통과 입방체의 중첩"으로 설명된다. 로마적인 것을 콜라주한 것에는 "원과 직사각형의 형태를 결합시킨 예"라고 썼는데, 이를 해법 A의 기념관 형식과 연관짓는다. 또 이집트 무덤은 다음과 같은 표제를 달고 있다. "갤러리를 가로질러 지하묘지에 이른 이여, 영적인 준비를 할지어다!"

아테네의 아크로폴리스는 부지계획 원칙을 보여주는 사례로 소개된다. "태양에 따라 배치된 순수 형태의 도시계획. 프로필레아와 관련된 신전들의 관계를 주목할 것. 그리스 극장의 형식은 초승달 모양으로 전체 구성에 웅장하면서도 예술적인 효과를 부여한다." 마치 해법 A의 완만하게 휘어진 벽처럼. 바로크식 계단은 "두 개의 벽 사이에 막혀있는 평행한 계단들로 유명하다. 단들은 아주 높다."(이러한 모티프가 단테움의 디자인으로 돌아오는 것을 알 수 있다.)

파르테논 신전 파사드 다이어그램은 그리스인들이 곡률과 직선 모서리의 오독을 바로잡기 위해 어떻게 '수평과 수직선'을 시각적으로 조정했는지 보여준다. 비슷한 효과가 팔라초 리토리오, 해법 A의 파사드에 나타나는데, 아래에서 보면 파사드 전체가 오목한 것이 아니라 직선으로 인지된다.

'이탈리아식 구축'이라는 표현이 파에스툼의 포세이돈 신전의 표제 첫 부분이다. 그것은 엄청나게 큰 기단의 단들을 통해 달성된 기념비적 스케일의 전형적인 예를 보여준다. 로마극장은 해법 A에 있는 1,000의 홀과 비슷하고 다음과 같은 표제를 달고

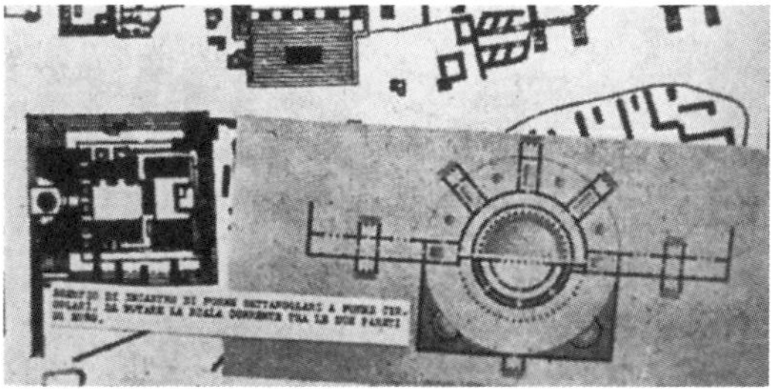

[그림 56]
팔라초 리토리오,
해법 A.
고대 로마 평면들의
콜라주를 보여주는
부지계획 상세.

[그림 57]
팔라초 리토리오,
해법 A.
고대 이집트 무덤과
다양한 원시 건물을
보여주는 부지계획
상세.
'사각형 속의 원'
이라는 주제가 계획에
반영됨.

[그림 58]
팔라초 리토리오,
해법 A.
아테네
아크로폴리스의
부지계획 상세.

[그림 59]
팔라초 리토리오,
해법 A.
파르테논 신전의
파사드와 바로크식
계단에 적응한 부지계획
상세.

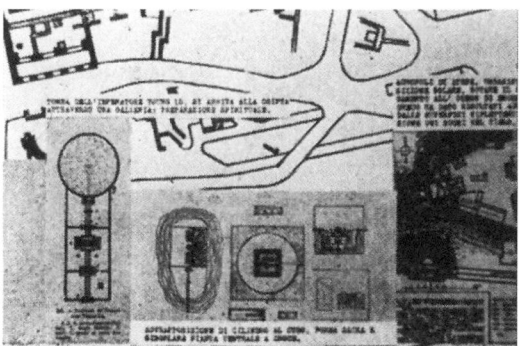

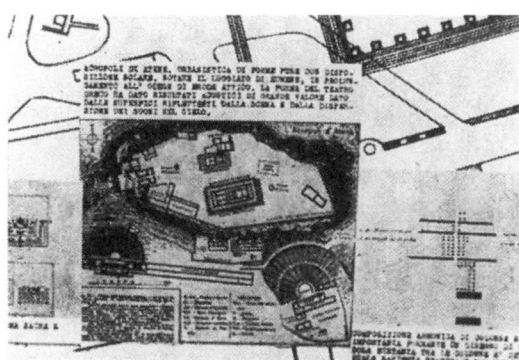

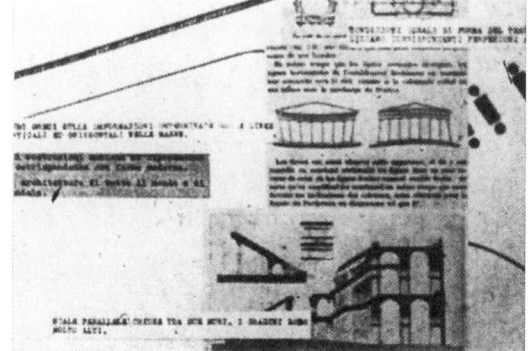

있다. "로마극장을 위한 이상적인 조건." 로마식 아치천장을 표현한 슈아지의 엑소노메트릭은 고대의 구축을 분명하게 보여준다. 그 공간적 위계는 팔라초 리토리오, 해법 A의 공간적 위계의 주제와 정확히 일치하는데, 로마인들은 "수평적인 건물을 만들고 길쭉한 건물에 높은 공간들을 끼워넣음으로써 평면에서 중앙으로 집중되는 문제를 제거"하도록 했다.

역사적 몽타주가 지닌 가장 명확한 특징 중 하나는 르 코르뷔지에의 『새로운 건축을 향하여』의 영향을 받았다는 점이다. 1926년에서 1927년까지, 그루포 세테는 역사적 사례에 대한 르 코르뷔지에의 태도를 출발점—실제로 역사성을 벗겨낸 추상화되고 일반화된 것—으로 삼았다. 팔라초 리토리오, 해법 A의 경우, 테라니와 그의 동업자들은 또 다시 르 코르뷔지에의 특징인 추상적 상수를 모방했지만 파시스트 국가에 적합한 기념비라는 상징적 색채를 덧붙였다. 건축가들의 보고서와 삽화는 건물 단지 계획을 정확히 설명했다. 그들의 바람은 "지적이고 적절히 해석된 환경이라는 기존의 주요 특성을 하나의 계획안(해법 A)에 모으는 것"이었다.[17]

이러한 맥락적 접근방식은 현대적 디자인을 더해, 고대 맥락을 지상에 복제하는 결과를 낳았다. 두 개의 거대한 트러스에 매달린 표면이 오목한 파사드는[그림 54] 극단적으로 모더니티—내부공간을 에워싸지 않는 수사적 제스처—를 상징하는 것이었지만, 오히려 산 피에트로 광장에 있는 베르니니의 주랑 '만입부彎入部'를 연상시킨다. 기존 맥락에 더 어울리도록 하기 위해 건축가들은 자신들이 설계한 건물들을 "트라야누스 포럼의 축"[18]에 맞춰 조절했는데, 그러한 관계는 평면을 보지 않으면 파악할 수 없는 것이지만 그럼에도 테라니와

17 같은 책, p. 125.
18 위와 같음.

그의 동료들에겐 중요한 것이었다.

이런 식의 역사 참조는 단테움 디자인에서 좀 더 절묘한 표현으로 등장했다. 팔라초 리토리오, 해법 A에 관한 테라니의 기억이 단테움 설계에 영향을 미쳤다는 것은 의심의 여지가 없다. 그렇지만 팔라초 리토리오에서, 전통적인 설계법과 모티프는 지층 평면에 국한되지 않는다. 예를 들어 해법 A의 주요 공간은 팔라디오의 빌라들이나 라이날디의 교회 평면을 연상시키는 신중하게 계층화된 시스템 안에서 축방향으로 배열돼 있다. 전체 구성은 파리에 있는 르 코르뷔지에의 구세군 건물Salvation Army Building(1930)에서 뭔가를 따왔지만, 여기서 발견된 축/십자축의 배열은 1,000의 홀, 기념관, 총통의 방들을 조직한다[그림 60]. 이 같은 배열은 그 계획안의 초기 계획과 테라니의 스케치 중 적어도 하나에서 드러나는데[그림 61], 여기서 볼륨들의 분리는 타원형 볼륨(짐작컨대 1,000의 홀)으로 이어지는 좀 더 고전적인 형태—연단과 중정—를 위해 부분적으로 억제된다. 이 스케치에서 보이는 십자 축은 최종 계획안의 기념관과 유사한 형상적 볼륨으로 이어진다.

해법 A의 최종안은 초현대적인 구조적 표현과 더불어 "프로그램에 부합하는 분리된 건물 블록들"[19]의 일관된 매스를 보여준다. 이러한 구성에서 "둥근 기념관은 혁명의 전시에서 볼륨으로 떨어져 나와 로마제국의 땅에 잠기게 된다."[20] 이 전시 공간 안에, 물음표 모양의 벽 하나가 끼어드는데, 이 벽은 길 맞은편의 막센티우스와 콘스탄티누스 바실리카를 지지하는 옹벽을 모방한 것이다. 이 벽은 제국의 길을 가로질러 대칭성을 강화하는 또 다른 수단으로 평면에서 읽을 수 있다. 그것은 또한 고대 로마라는 맥락에서 기독교 기원의 중요한 상징인 바실리카와 이 팔라초를

---

19 위와 같음.
20 위와 같음.

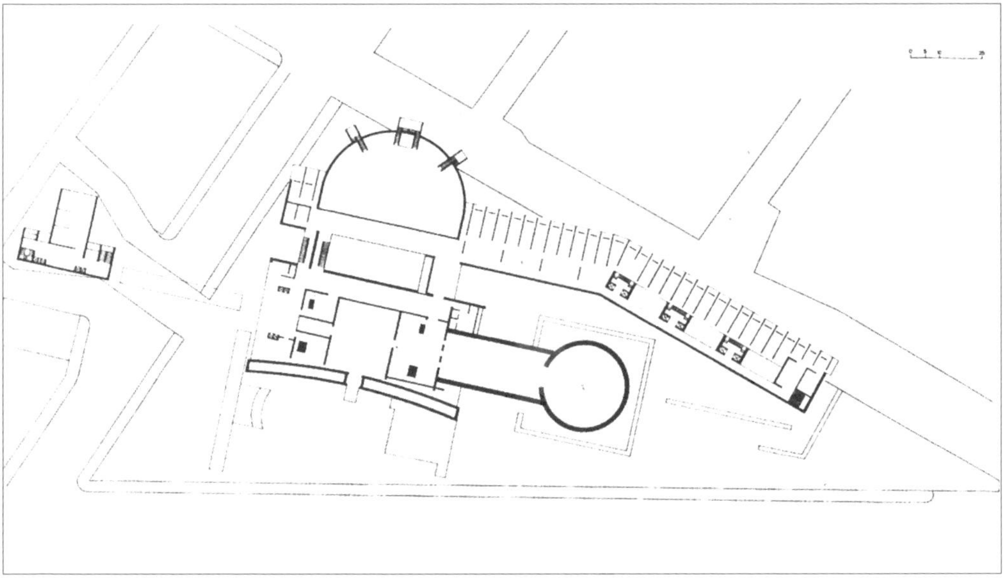

[그림 60]
팔라초 리토리오,
해법 A.
네 번째 레벨의 평면.
총통은 주축 상에
있고, '기념관'은
교차축 상에 있음.

[그림 61]
테라니,
팔라초 리토리오의
예비 스케치, 평면

[그림 62]
테라니 외,
팔라초 리토리오 해법
B, 모형

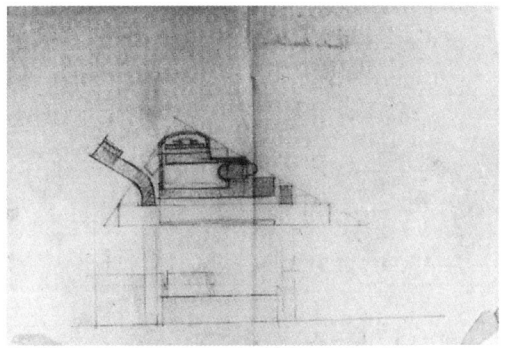

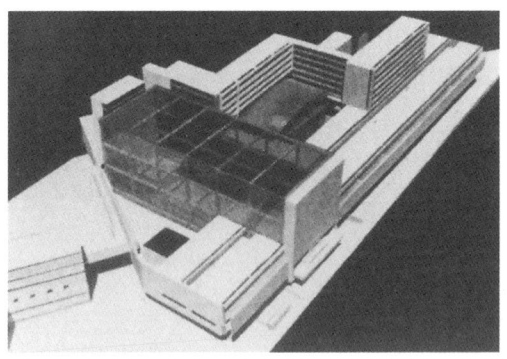

98 테라니와 그의 소스들: 고전적인 것과 현대적인 것

식별하려는 것이기도 하다.

계획안의 1층 평면 조직과 모티프 및 공간들이 발 아래 고대 맥락과 구별하기 어려운 도식을 만들기 위해 결합하며, 이는 고대와 현대 사이의 상징적이면서도 말 그대로 일치를 이뤄낸다. 이런 일치는 파시스트 이탈리아에서 좀 더 전통적인 성향의 건축가들이 자신들이 지닌 고대 로마적 특성에도 불구하고 이뤄낼 수 없었던 것이다.

해법 B라는 별칭이 붙은 두 번째 계획안은 같은 팀이 내놓은 것인데, 이 계획안에 대해 그들은 "우리의 능력과 아이디어를 결합함으로써 가능해진 더 높은 수준의 현대성을 공고히 하는 작업"[21]이라 명시했다. 해법 B[그림 62]는 해법 A의 철저한 검토를 전혀 수용하지 않았지만 단테움의 전조이기도 했다. 해법 B의 특징 중에는 돌과 유리로 구성된 건축어휘와 밀도 있는 벽들이 있는데, 테라니는 그러한 특징을 단테움에 적용시켰다.

1930년대 중반에 이르러 테라니는 형식적인 주제 문제에서 또 다른 종류의 변형을 시작했는데, 이 문제는 구체적인 조건을 추상화하려는 것이었다. 1932년 그는 코모 학파의 추상화가 마리오 라디체Mario Radice와 협력하기 시작했는데, 라디체는 피트 몬드리안Piet Mondrian의 작품과 순수주의자들, 즉 르 코르뷔지에와 오장팡Amedée Ozenfant의 작업을 종합해 자신만의 회화양식을 발전시키려는 탐구를 막 시작하려던 참이었다[그림 63].[22] 테라니는 1931년경 회화경력을 끝냈지만, 어쨌든 그의 회화양식은 노베첸토 학파의 시로니 등의 작품에 더 가까웠다. 테라니의 회화는 그의 추상적 건축에 비해 구상적이었다. 얼마 지나지

---

21 위와 같음.
22 Guido Ballo, *Mario Radice* (Turin: ILTE, 1973), pp. 23, 26 참조.

않아 1934~35년 즈음, 형태적인 모티프—예컨대 비스듬하게 놓인 직사각형—가 사실상 테라니의 거의 모든 건축스케치, 평면 및 단면에 표면화하기 시작했다. 이러한 모티프를 다룬 첫 번째 계획안 중 하나는 레비오에 있는 카사 델 플로리콜토레Casa del Floricoltore(1935~37)였다[그림 64]. 테라니의 초기 스케치들은 같은 시기 라디체의 드로잉과 대단히 유사한데, 같은 작가가 그린 작품으로 오해받을 정도였다[그림 65].

  그 시기 이 건물을 포함한 여러 건물에서, 테라니는 캔버스에 형태와 색상을 구성하는 이차원 체계를 건축공간과 구조의 삼차원 세계에 적용했다. 이것은 그 시기 다른 건축가들이 볼륨들을 맞물리게 하고 겹치게 하지 않았다는 말이 아니다. 실제로 네덜란드와 독일 모더니즘을 가장 상징적으로 보여주는 특유의 볼륨 형식에는 맞물림과 겹침이 있다. 이는 오히려 테라니가 실제로 거의 모든 곳에서 사용하는 마니아로서, 그 모티프를 계속 사용했음을 강조하는 것이다. 그렇지만 그러한 적용은 라디체나 여타 작가의 그림에서 볼 수 있는 회화적 묘사나 공간적 묘사와는 무관했다.

  카사 델 플로리콜토레의 평면[그림 66]은 위치가 바뀐 직사각형 버전인데, 코모의 카사 델 파쇼의 회의실에 있는 라디체의 프레스코화 구성과 관련돼 있다[그림 67]. 그렇지만 미끄러진 직사각형 모티프는 '바깥의' 좁은 틈에 순환구역을 설정하려는 건축적 의도를 갖고 있었다. 이미 언급했듯이, 이 구역은 단테의 주요 공간들 간의 주된 순환경로였다. 테라니는 1937~38년 맘브레티 묘Mambretti Tomb[그림 68]와 1939~41년의 카사 줄리아니 프리제리오Casa Giuliani Frigerio[그림 69]의 1층 평면을 포함해 1930년대 후반까지 다양한 계획안에서, 이 형식을 그것이 만들어낸 주변부의 나선순환과 더불어 평면 아이디어로 계속 활용했다.

이 시기의 스케치는 테라니의 미적 실험을 보여주는데, 카사 델 파쇼에 뒤이어 자신의 고유한 스타일을 완성해가던 때였다. 테라니는 경력 초반에 그랬던 것처럼 영감을 얻기 위해 동시대의 자료들에 다시 눈을 돌려, 최초의 진술을 종합하기에 앞서 그 자료들을 내면화했다. 1920년대에 그는 그로피우스와 러시아 아방가르드에 의지했던 반면, 1930년대에는 르 코르뷔지에에게 직접적으로 의존했다. 그가 르 코르뷔지에에게 의존했다는 것은 카사 델 플로리콜토레의 초기 계획에서 입증된다[그림 70]. 피지니가 1934년 밀라노에 있는 자신의 집에서 그랬던 것처럼, 테라니는 빌라 사보아Villa Savoye와 메종 루쉐르Maisons Loucheur의 입면뿐만 아니라 메종 돔이노의 구조 및 형태 계획을 바꿔 표현했다.

표준화된 주유소(1940년경)[그림 71]의 경우, 테라니는 르 코르뷔지에의 『전집 1934~1938』[23]에 실려 있는 1939년 엑스포 리에주 파빌리온Liége Pavilion의 캐노피를 적용했다[그림 72]. 로마 트라스테베레 지구의 카사 델 파쇼(1940)[그림 73]에서, 변위된 직사각형 모티프는 르 코르뷔지에의 유명한 카르타고 빌라(1928)에서처럼 단면으로 전이된다.

카르타고에 있는 빌라의 단면은 테라니의 스케치에서도 볼 수 있는데, 날짜가 확실치는 않지만 아마도 발다메리를 위한 포르토피노의 빌라(1936년경)일 것이다. 이 특정 그림 판(#0247)[그림 74]에 포함된 단면과 입면들은 카르타고 빌라 단면과 유사하고, 메종 시트로앙Maison Citrohan의 사선계단의 볼륨과

---

23 테라니는 1939년에 출판된 『전집』의 1934~1938년 프로젝트를 무척 마음에 들어 했던 것 같다. 그것은 1940년 그가 군대로 보내달라고 요청했던 책들 중 하나였다.

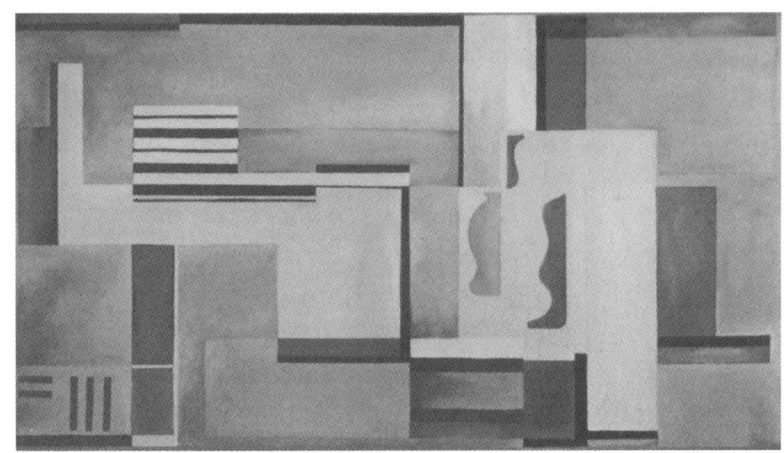

[그림 63]
마리오 라디체,
<구성 CFO 33>,
1932-34.
신조형주의와
순수주의 만남.

[그림 64]
테라니,
카사 델 플로리콜토레
레비오,
1935-37,
예비 스케치.
겹치는 직사각형이
첫 선을 보임.

[그림 65]
라디체,
<구성 CFS>,
1934,
스케치

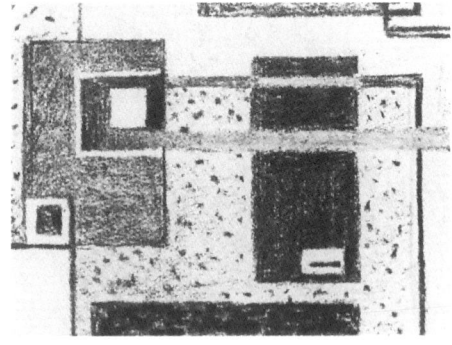

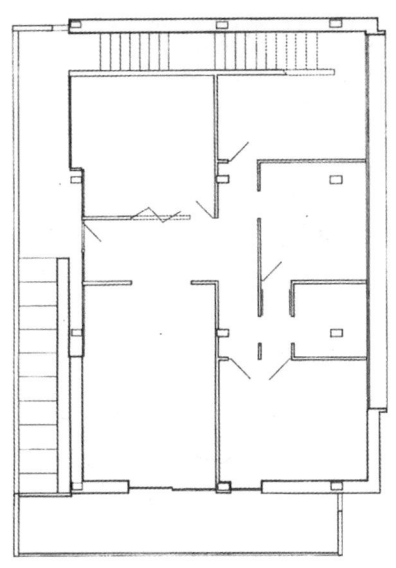

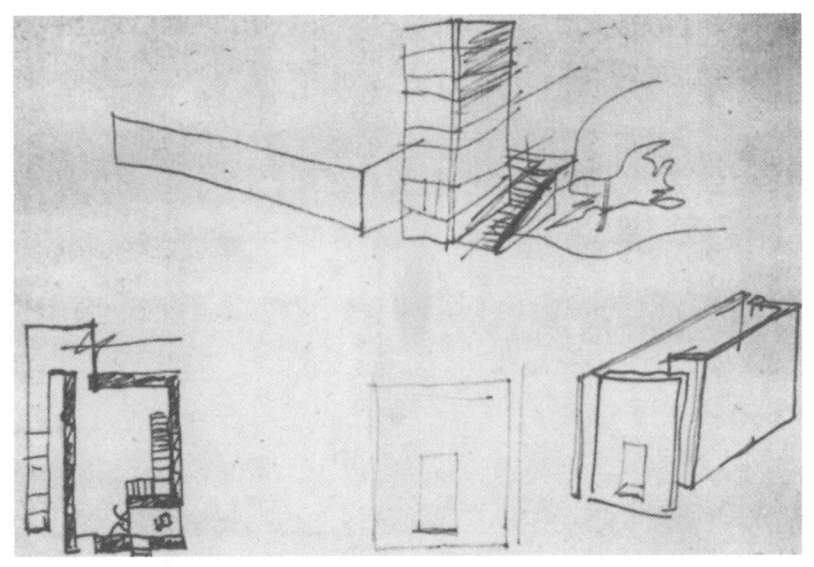

[그림 66]
테라니,
카사 델 플로리콜토레
피아노 노빌레 평면

[그림 67]
라디체,
카사 델 파쇼의
프레스코화,
1936,
무솔리니의 초상화는
누락됐음.

[그림 68]
테라니,
맘브레티 무덤,
1937-38

[그림 69]
테라니,
카사 줄리아니-
프리제리오, 코모,
1939-41,
지상층 평면

[그림 70]
테라니,
비안코씨를 위한
프로젝트, 이후 카사
델 플로리콜토레의
의뢰인. 1929,
빌라 사보아와 메종
루쉐르의 영향을
받아 속속들이
르 코르뷔지에의
스타일을 보여줌.

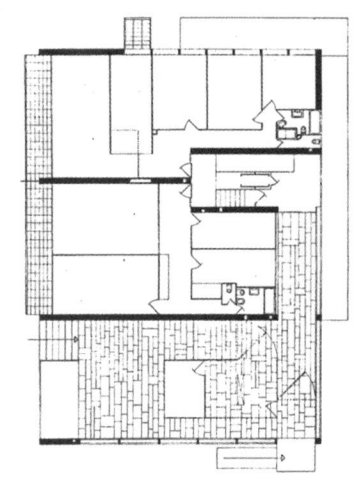

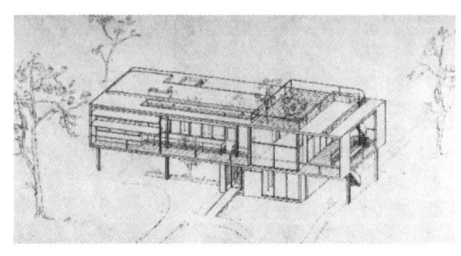

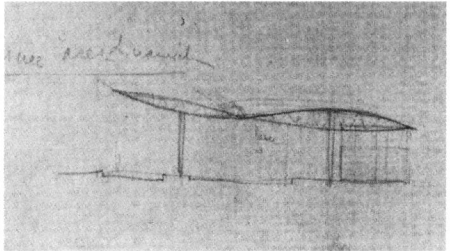

[그림 71]
테라니,
표준화된 주유소,
1940년경,
단면 스케치

[그림 72]
르 코르뷔지에, 리에주
파빌리온, 1939

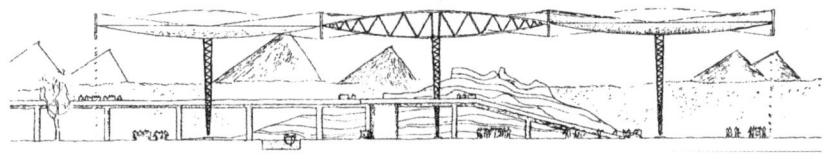

[그림 73]
테라니,
카사 델 파쇼,
리오네 트라스테베레,
로마,
1940,
단면 스케치들

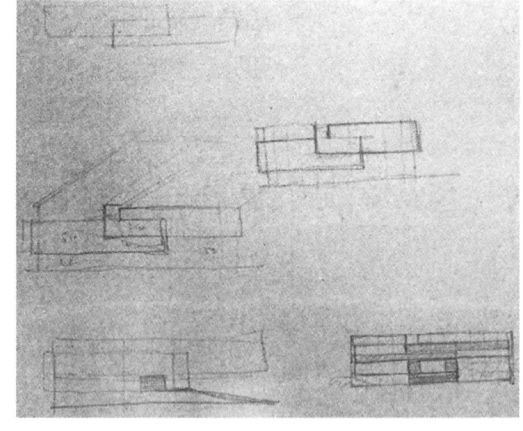

104 테라니와 그의 소스들: 고전적인 것과 현대적인 것

[그림 74]
테라니,
스케치들, 도면#0247,
포르토피노에 있는
발다메리를 위한
별장일 수 있음.

[그림 75]
테라니,
호수가의 빌라,
1936,
엑소노메트릭, 해양선
일부

[그림 76]
호수가의 빌라,
피아노 노빌레
평면

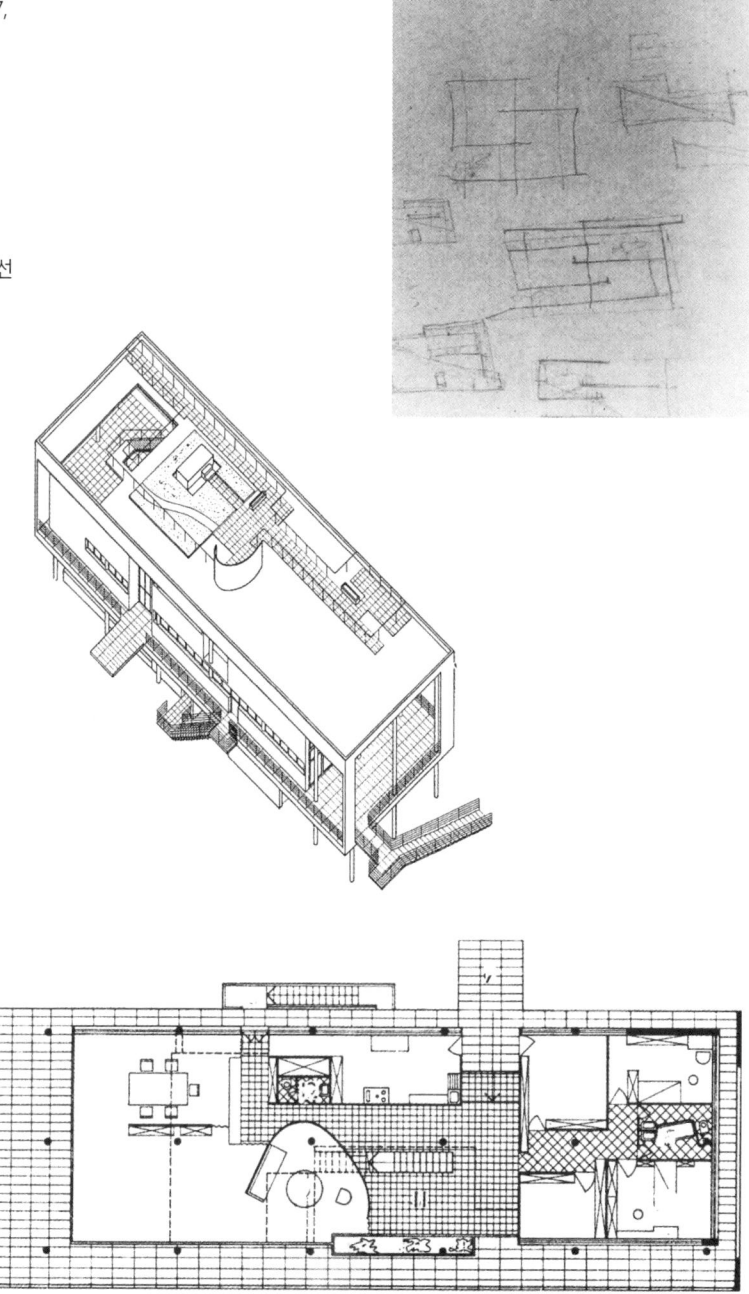

결합됐으며 외줄 원기둥열로 표현된 코르뷔지에식 구조와 외피의 분리를 보여준다.

호수가의 빌라Villa sul Lago(1936)에서 테라니는 유일한 코르뷔지에식 자유평면을 만들어 냈다. 호수가의 빌라를 위한 구체적인 준거는 빌라 사보아와 빌라 슈타인Villa Stein이지만, 이 계획안에서 가장 르 코르뷔지에적인 양상은 그야말로 "원양 정기선"의 기본설계[그림 75]라 할 수 있는데, 건물 블록을 둘러 가는 산책로 데크와 건널 판 위 입구를 갖고 있다[그림 76]. 원형 기둥들의 일정한 리듬과 한 방향 캔틸레버는 빌라 사보아와 메종 쿡을 상기시킨다. 건물의 흰 벽은 거실의 볼록한 면과 식당의 오목한 면을 나타내는데, 이들은 빌라 슈타인과 브루노에 있는 미스의 투겐타트 하우스(1930)를 연상시킨다. 실제로 테라니의 모든 내부 경로와 비교해 보면, 산책로는 르 코르뷔지에적이다. 그것은 빌라 사보아에서와 마찬가지로, 주요 층으로 이어지는 차 대는 곳porte-cochere에서 시작해 빌라 슈타인처럼 끝나는데, 거기에서 방문객은 볼륨의 외피를 거슬러 오도록 돼 있다.

호수가의 빌라는 건물 속 건물로 구성돼 있다. 지붕이 있는 볼륨에 속이 꽉 찬 내부 공간 블록은 더 작게 나뉘고 공적-사적 분할에 따라 구역이 결정되는 한편, 산책로는 세로로 긴 볼륨을 횡단하는 시퀀스로 이들 공간을 보여준다. 이 경로는 더욱이 르 코르뷔지에의 메종 라 로쉬(1923)를 상기시킨다. 구성 계획에서 이 같은 대위법적 시퀀스는 테라니 답지 않아 보인다. 카사 델 플리콜토레, 빌라 비앙카 및 단테움 모두 요소들의 기하학적 구성을 둘러싸고 긴밀하게 조직된 일련의 공간에 의존하며, 카사 델 플로리콜토레는 단테움 설계의 직접적인 출처다. 즉 평면을 생성하는 정사각형들의 변위는 그 변위된 사각형의 내부 또는 나머지 영역에서 수평 및 수직적인 순환 흐름을 드러낸다[그림 17].

위의 추측은 테라니가 원 자료에, 특히 르 코르뷔지에의 작업에 지속적으로 의존한다는 것을 근거로 한다. 이 같은 심취를 보여주는 가장 두드러진 예는, 『전집 1934~1938』에 실려 있는, 한 대학총장을 위한 르 코르뷔지에의 주택 계획안(1935)[그림 78] 스케치[그림 77]에서 나타난다. 테라니의 스케치는 전임자들의 그림을 모사했던 르네상스 거장의 전통 속에 있다. 그것은 영감을 받는 원천과 관련된 자신만의 기록이었지만, 아이러니하게도 그의 건물이나 계획안 어디에도 나타나지 않는다. (이 드로잉은 테라니의 생애 마지막에 작성된 것으로 보이는데, 제2차 세계대전의 러시아 전선에서 돌아온 직후였기 때문이다.)

테라니는 다른 이들의 프로젝트를 복사했을 뿐 아니라, 여러 프로젝트에서 자신만의 모티프를 재활용했다. 팔라초 리토리오(1937)를 위한 2차 설계경기 계획안은 사르파티 기념탑(1935)[그림 80]을 위한 예비 계획안에서 개작한 릭토르 탑[그림 79]을 보여준다.[24] 사르파티 계획안은 설계과정에서 많은 변화를 겪었는데, 그것이 릭토르 탑과 지나치게 닮았기 때문에 첫 번째 계획을 폐기한 것이라 생각할 수 있다.[25]

마르게리타 사르파티 Margherita Sarfatti의 아들(1차 세계대전에서 가장 어린 이탈리아 병사로 전사함.)을 기리기 위해

24 이러한 인식에 대해, 안코나 대학의 가브리엘레 미렐리(Gabriele Milelli) 교수의 도움을 받았다.
25 릭토르 탑의 형태에 대한 테라니의 반대와 코모 카사 델 파쇼에서 사용하기를 꺼렸다는 사실은 Diane Ghirardo, "The Politics of a Masterpiece: The Vicenda of Terragni's Casa del Fascio in Como," *The Art Bulletin* Vol. LXII, No. 3 (September 1980), pp. 466-478에 잘 설명돼 있다. 역설적이게도 테라니는 그의 마지막 공공건물인 리소네의 카사 델 파쇼(1940)에 탑에 관한 아이디어를 수용했고, 안토니오 카르미나티와 함께 이를 실현시켰다.

[그림 77]
테라니,
르 코르뷔지에를 따라
한 스케치, 투사지일
수 있음.

[그림 78]
르 코르뷔지에, 시카고
외곽의 대학 기숙사,
1935,
1939년에 출판됨.

[그림 79]
테라니 외,
팔라초 리토리오,
설계경기,
제2단계,
릭토르 탑

[그림 80]
테라니,
사르파티 기념비를
위한 예비 스케치

세워진 기념비가 이번에는 테라니의 또 다른 계획안인 1940년경 층계로 된 주택Casa a Gradoni[그림 81]의 출처가 됐다. 스케일과 기능의 큰 차이는, 르 코르뷔지에의 앵무조개껍질의 생물형태를 개작한 나선 광장 박물관Museum of the Square Spiral에서 분명히 알 수 있듯, 사물을 추상화하고 스케일을 바꾸는 르 코르뷔지에의 역량을 다시 한 번 상기시킨다.

만약 카사 델 플로리콜토레와 라디체의 그림들이 단테움 평면의 중첩을 위한 초기 구성 자료로 인용된 것이라면, 단테움 계획에 삽입된 십자 형태는, 1937년 테라니가 린제리와 체자레 카타네오Cesare Cattaneo와 함께 설계한 로마세계박람회(EUR) 국회의사당Palazzo dei Congressi의 설계경기 응모에 도움을 줬을 것이다[그림 82]. 의사당을 위한 테라니의 예비 스케치들은 최종 계획에서 모호하게 표현되는데, 네 개의 분할구조로 구성된 건물을 보여준다. 이들 예비 스케치 외에도 국회의사당을 닮은 의도가 분명치 않은 스케치 몇 개가 있다. 그것들은 나선이나 바람개비와 결합한 네 개 부분의 배치형태로 구성된 몇몇 안들을 포함하는데, 단테움의 최종안을 예기한다.

1937년까지 많은 영향을 흡수하고 있던 테라니는 창조적 예술가로서 자신의 독자성을 보여주기 시작했다. 경력 마지막까지 동시대 영향들을 계속 수용했지만 그의 특징적인 모티프는 견고하게 형성돼 있었다. 1930년대 후반 그의 계획안들은 직접적인 건축 참조 외에 두 가지 중요한 경향을 보인다. 하나는 원자료로서 추상적인 형태에 더 크게 의존한다는 것이고, 다른 하나는 그것과 역사적인 평면들과 명백히 현대적인 형태들을 유기적 통일체로 엮어내기 위해 의식적으로 역사적인 평면들과 씨름한 것이다. 이런 경향에 대한 자극의 일부는 폐쇄경제[역주]가

역주 Autarchia '자치정부'라는 용어는 자급자족이라는 개념과 연관된다. 외국과의 상업 관계가 없는 '폐쇄경제'라고도 하며 국가 경제 생태계는 국제적인 추세에 영향을 받지 않는다는 의미를 품고 있다.

[그림 81]
테라니,
계단식 아파트 주택과
사르파티 기념비의
몽타주,
추상적 형태는 기능과
크기을 초월하는
요소가 됨.

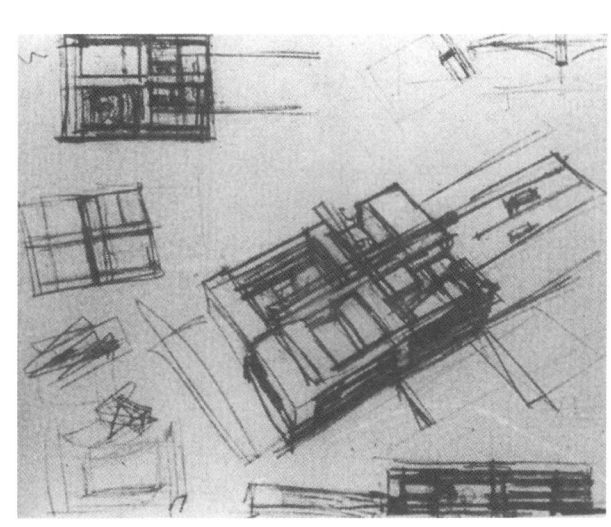

[그림 82]
테라니,
국회의사당을 위한
스케치.
십자형 계획에
유의할 것.

이탈리아인의 삶에 도입된 것이었을 터이다. 1936년 브레라 프로젝트Brera project를 위해 두 가지 안이 제안됐다. 하나는 철골구조이고 다른 하나는 전통적인 폐쇄적 구조이다. 하지만 테라니가 당시의 발전된 기술을 알고 있었음에도 (그는 국회 의사당을 위해 석재-강화 콘크리트 시스템을 설계하기도 했다.), 폐쇄경제가 단테움 설계에 영향을 끼쳤는지는 확실치 않다. 대리석이 전통적 소재이고, 그 프로젝트가 두껍고 거대하게 건립될 예정임에도, 천국(의 방)의 하이테크 구조는 테라니가 여전히 현대적인 기술을 염두에 두고 있었음을 분명히 드러내기 때문이다.

    테라니의 예술적 발전은, 특히 코모의 카사 델 파쇼(현대적 옷을 입은 르네상스 궁)에서 팔라초 리토리오까지, 해법 A(말 그대로 고대 위에 매달려 있는 현대적 형태)에서부터 단테움(전통적인 재료로 건립될 역동적이고 현대적인 평면형식)에 이르는 발전은 절대적이고 초역사적인 건축을 창조하기 위해 테라니가 역사를 활용해 온 방식을 연대기적으로 보여준다.

새로운 세계? 새 출발? (새믈러, 우회로에 이르러). 그렇게 간단한 문제가 아냐. …『해저 2만리』에서 네모 선장이 무엇을 했냐고? 그는 해저에 이른 잠수함 노틸러스 호 안에 앉아 오르간으로 바흐와 헨델을 연주했어. 좋은 거지? 하지만 고리타분해. 쥘 베른이 확실히 옳았어. 해저에서 바그너가 아니라 헨델을 택한 게 말야. 그래도 베른 시대에 바그너는 상징주의자들 가운데 전위 예술가였어. 단어와 소리를 융합했거든. … 그러면 달에 있을 때, 우리가 갖고 있어야 하는 게 뭘까. 전자 곡이라고? 새믈러 씨는 그 말에 반대했을 거야.

솔 벨루우,『새믈러 씨의 행성』

제3장
단테움 설계: 과정과 선례들

테라니의 현존하는 스케치 중 단 몇 개만이 단테움과 확실히 연관시킬 수 있다. 이 드로잉들은 최종안 외에 적어도 한 가지 계획안이 더 있었다는 것을 보여주지만, (날짜가 밝혀진 가용증거에 근거하자면) 얼마나 많은 다른 계획이 있었는지 심지어 이 계획이 완료된 계획안보다 먼저 있었던 것인지조차 알 수 없다. 계획 A —트레이싱지 위 콘테—라 부를 수 있는 현존하는 스케치[그림 83]는 건축가의 예비분류를 나타내며, 일부 메모를 포함하고 있다. 테라니는 이 메모에서 건물의 본질과 그 의미에 대한 질문을 제기하며 드로잉에 여섯 개 항목을 나열했다.

맨 위에 그는 "감미롭고 새로운 스타일의 이탈리아 문화cultura Italiana di dolce stile nuovo"라 휘갈겨 썼다. 이 문장은 "감미롭고 새로운 문체"로, 텍스트를 애매하게 함으로써 문체를 강화시켰던 단테를 언급한 것이다. 테라니가 이 점에서 단테와 동일시했을지도 모르는데, 테라니는 무치오의 '수사주의'와 노베첸토 스타일을 대체하고, 이탈리아 서정주의를 국제주의 양식의 북유럽 합리주의와 통합시킨다고 믿었다. 다음으로 그는 말 그대로, "단테 이전의 문화[중세의 밤]cultura pre-Dantesca (La notte del Medioevo)"이라 썼는데 여기에 있는 이미지는 파시즘 하에서의 테라니의 '계몽'과 마찬가지로, 단테의 계몽에 관한 경험을 묘사하는 것일 것이다. 그 다음에 나열된 것은, 베르길리우스와 로마를 호출한 것으로, 이것은 테라니가 중세의 단테와 이 시인의 고대 로마적 혈통을 결합시킬 필요가 있었음을 보여준다. 그

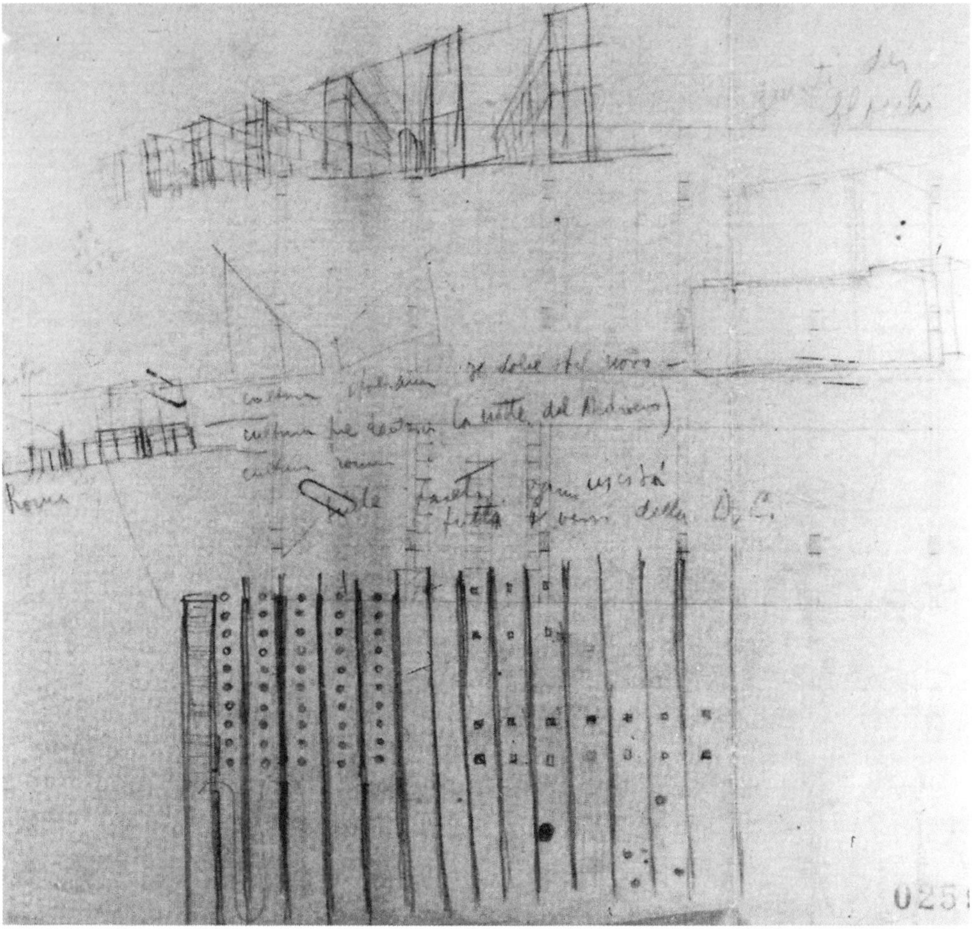

[그림 83]
테라니,
단테움, 도식 A.
평면(아래), 투시도(위),
단면(왼쪽 중앙) 및
손으로 쓴 메모를
보여주는 스케치

[그림 84]
테라니,
맘브레티 묘,
변위된 패턴의 두꺼운
벽을 보여주는 투시도
스케치

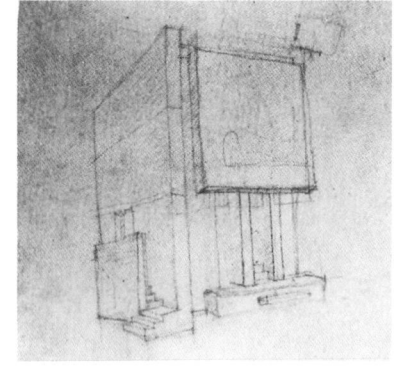

116 단테움 설계: 과정과 선례들

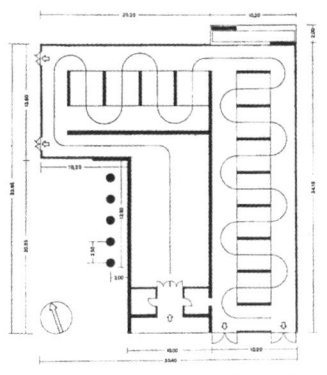

[그림 85]
루치아노 발데사리,
언론 전시장,
1933, 트리엔날레,
평면

아래에, 그는 두 가지 디자인 의도를 내비쳤다. 그 중 하나는 "파사드에, 『신곡』의 모든 운문을 sulle facciate, tutti[sic] verse della D.C."인데, 이 아이디어는 시로니의 엄선된 부조로 대치해 금방 폐기됐다.(짐작컨대 그것은 너무 뻔한 것이었다.) 다음은 "블록들의 연결부giunti dei blocchi"라는 다양한 의도를 암시하는 수수께끼 같은 진술이다. 이 "블록들의 연결부"는 건축술적 전체의 "접착제"이며 개념적인 것으로 만들어진 실용적 구조다. 이 메모는, 테라니가 자주 사용했던 이동된 직사각형이란 모티프와 유사하게, 경미하게 자리 이동된 연결 패턴의 돌 블록을 닮은 스케치 바로 옆에 적혀 있다. 1938년 2월 25일이라 날짜가 적힌 맘브레티 묘의 여러 안 중 하나는 단테움을 위한 예비 설계 바로 직전 혹은 시작점에 위치한다. 그 묘를 위한 다른 드로잉들 또한 단테움과 연결된다[그림 84].

    계획 A는, 마치 라커룸의 사물함이나 이탈리아 묘지의 무덤처럼, 빌딩 블록들을 규정하는 평행 벽들로 구성된 평면을 포함한다. 이 계획안은 1933 트리엔날레에 설치됐던 루치아노 발데사리Luciano Baldessari의 언론 전시장[그림 85]뿐만 아니라 르 코르뷔지에의 나선 광장 박물관(1931)을 상기시킨다. 단테움의 스케치는 발데사리의 평면처럼 순환통로 선들을 표시한다.

구불구불한 길이 평행한 벽 체계를 가로지른다.

테라니의 계획A는 또한 단테움의 최종 부지계획에서 발견된 고대 로마의 유적, 소위 네로의 황금저택 도무스 아우레아의 일곱 개의 방과 매우 유사하다[그림 86]. 도무스 아우레아의 평면은 팔라초 리토리오의 부지계획에서도 등장했는데, 이러한 평면 이미지는 나중에 사용할 수 있도록 테라니의 기억 속에 각인됐을 가능성이 있다. 비록 이러한 적용을 역사적으로 정립하는 것이 어렵긴 하지만, 테라니가 여타 유사하게 적용한 것들은 널리 퍼져 있던 것이었고, 일곱 개의 방은 테라니가 높이 평가했던 르네상스기의 유명한 석굴에서 따 온 것이었다. 고대 로마, 르네상스 및 근대 간의 건축적 연속성이란 개념은 세 개의 정치적 로마—고대 로마, 17세기 교황 중심의 로마, 그리고 새로운 파시스트 제국—의 이상과도 유사하다.

작은 단면 스케치에는 계획 A의 평면과 투시도가 딸려 있다[그림 87]. 그것은 최종 계획의 단면과 비슷하고 출입 마당이 되는 공간에 높다란 기둥처럼 보이는 것을 포함한다. 단어 '비르질리오Virgilio'는 이 기둥에 한 줄로 첨부돼 나타난다. '로마'라는 단어는 그 아래, 단면 드로잉의 지면에 적혀 있다. 테라니는 건축요소들을 의인화하려는 경향이 있는 것 같다. 말하자면 기둥들은 고전적인 방식에서 인간의 형상을 한 요소들을 대변하는 것이었다. 하지만 최종 도안의 알레고리 대부분은 평면형식, 그레이하운드(독립 벽의 꼭대기에 있는 대리석 블록) 및 천국의 유리 기둥들의 추상화에 포함시키려 했던 것 같다.

최종 설계에서 꽤 널리 쓰인 기하학적 조직화가 초기 단계에서는 아직 개발되지 않았음에도, 최종안에 영향을 미치는 『신곡』과 관련된 숫자상의 대응물들은 이미 명확해진 상태였다. 시는 서른 세 개의 칸토로 이루어진 세 개의 찬송가로 나누어지며,

첫 번째, 즉 「지옥편」에는 별도로 하나가 추가돼, 전체적으로 백 개의 칸토를 만들어 낸다. 각각의 칸토는 세 줄의 삼행연구로 구성돼 있다. 첫 번째와 세 번째 줄의 운문, 다음 삼행연구로 시작하는 두 번째 줄의 운문은 일종의 중첩을 이루는데, 단테움 설계에서 중첩되는 모티프로 반영된다. 단테의 영역들은 더욱 더 작은 단위로 분할된다. 예컨대 '지옥'은 아홉 단계로 구성되며, 현관은 열 번째 단계가 된다. '연옥'은 일곱 개의 테라스를 가지며, 전前-'연옥'에서 두 개의 튀어나온 턱을 더한다. 이것에 세속적인 '천국'을 더해 열 개 구역을 만들어낸다. '천국'은 아홉 개의 하늘로 구성되며, 최고천最高天은 열 번째가 된다. '지옥'에서 죄인들은 세 가지 죄—무절제, 폭력, 사기—로 정리되고 일곱 가지 대죄로 또 다시 세부적으로 나누어진다. '연옥'에서 참회는 세 유형의 세속적 사랑을 근거로 정돈된다. '천국'은 세 유형의 신성한 사랑을 근거로 정리되고 3대 신덕神德(믿음, 소망, 사랑-역주)과 4대 기본 미덕(신중, 절제, 정의, 용맹-역주)에 따라 또 다시 세부적으로 나누어진다.

계획 A에서, 다섯 줄의 열 개 원형기둥들, 두 줄의 일곱 개 사각기둥들, 그리고 두 줄의 세 개 사각기둥들 모두 단테의 수적 분해에 맞춰진다. 사각형과 원은 테라니에게는 중요한 기하학적 형태들이다. 팔라초 리토리오 설계경기에서 입증된 것처럼 사각형과 원은 테라니에게 중요한 기하학적 형태들이다. 단테움의 경우, 테라니는 원을 사용하리라 생각했지만, 그 생각을 버렸는데 그 이유는 "원형이 감싸는 영역이 필요한 것에 비해 지나치게 단정하기도 하고, 콜로세움의 완벽하고도 인상적인 타원과 직접적이면서도 잠재적으로 갈등을 일으킬 소지가 있기 때문이었다."[1]

최종설계의 출발은 아마 테라니재단 자료실에 있는

---

[1] 주세페 테라니, 「단테움 보고서」 미발표 원고(1938), 3절.

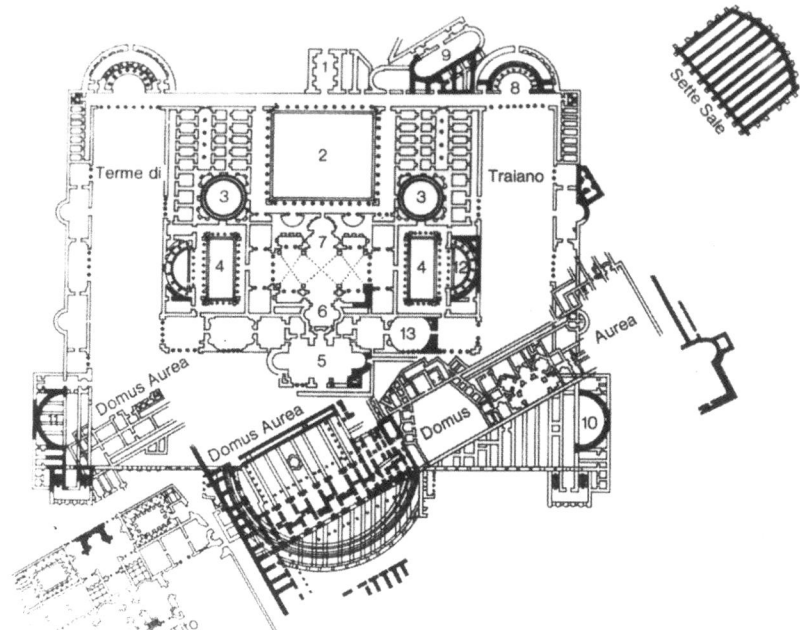

[그림 86]
도무스 아우레아,
평면.
'일곱 개의 방'은
오른쪽 위에 있음.
이 이미지는 단테움
부지계획에 나타남.

[그림 87]
단테움, 계획 A,
스케치 단면(상세).
기둥으로서의
베르길리우스

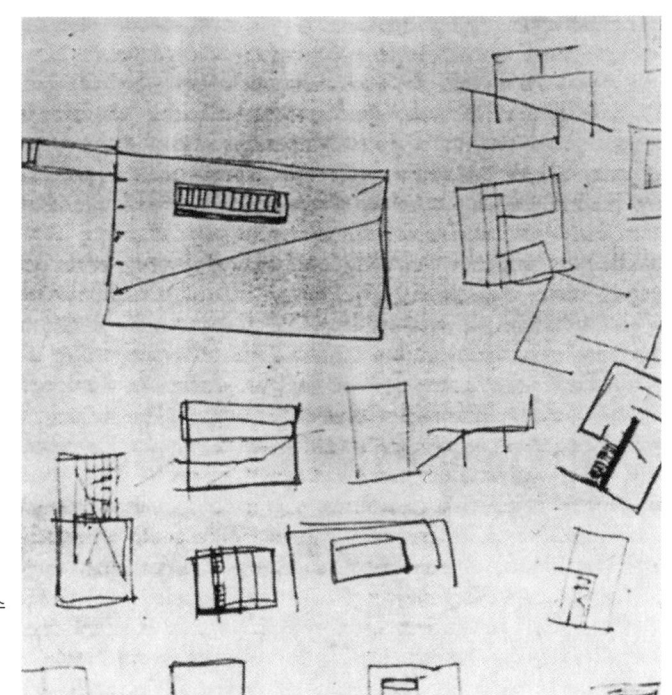

[그림 88]
테라니,
스케치 #0250,
단테움을 위한 것일 수
있음.
미끄러진 직사각형과
계단이 널려 있음.

[그림 89]
테라니,
번호가 지정되지 않은
스케치,
단테움을 위한 것일 수
있음.
변위된 정사각형과
경로가 묘사되어 있음.

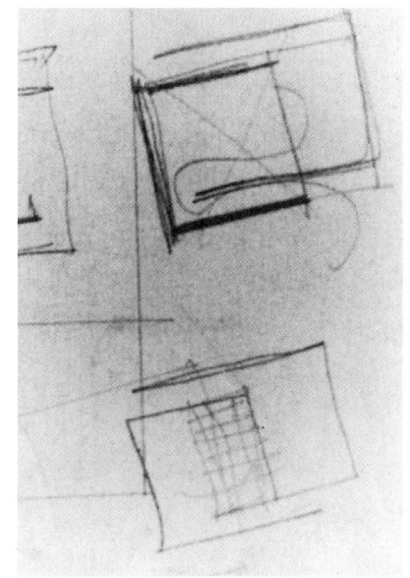

무작위로 번호를 붙인 몇몇 스케치에서 엿볼 수 있을 것이다.[2] 도면 #0250에 있는 테라니의 스케치[그림 88]는 중첩된 정사각형과 직사각형의 기하학적 패턴에 대한 다양한 습작을 보여준다. (번호가 매겨져 있지 않은) 또 다른 스케치[그림 89]는 정사각형과 직사각형의 기하학에 대한 변위된 직사각형 모티프의 관계를 설명한다. 순환동선은 중첩에 의해 느슨해진 영역에서 드러나며(계획 A에 보이는 선과 경로선의 유사성에 주목할 것.), 이들 스케치를 보면 황금분할 직사각형을 기반으로 한 비례체계가 보인다.

   테라니는 단테움의 비율과 치수(중요하지만 단테의 특성과는 분리된 기하학과 수)를 막센티우스 바실리카에서 얻어냈다고 신중하게 말했다. 그가 「보고서」에서 누락시킨 것은 미끄러진 직사각형 모티프가 다른 출처와 마찬가지로 바실리카로부터 파생된 것이라는 점이었다. 게다가 두 평면을 면밀히 살펴보면 바실리카와 단테움 간에 여타 대응관계가 드러난다. 바실리카 평면은 최초의 정사각형에서부터 다른 정사각형의 끝점까지 하나의 정사각형을 이동시키며, 거기에서 두 개의 정사각형은 황금사각형으로 내접한다[그림 90]. 이들 사각형의 안쪽 면들은 건물의 본체를 이루는 아치 천장들을 구조적·공간적으로 분할하게 된다. 단테움은 동일한 사각형들을 이동해 구성되지만[그림 91], 첫 번째 이동에 의해 만들어진 황금사각형에 더해, 두 번째 측면으로의 이동—자리 이동한 사각형들의 횡적 변위—을 통해 또 하나의 더 큰 직사각형이 산출된다[그림 92]. 테라니는 기하학적 형상을 공간의 실제 형태와 일치시킨다는 점에서 볼 때, 바실리카의 평면이 지닌 단순성에 집착하는 것 같진 않다. 그는 다만 하나의 사각형이 따로 떨어진

---

2 드로잉은 원래 테라니 사후 그의 형제인 아틸리오(Attilio)가 번호를 매겼고, 순서는 합리적 순서가 아니라 드로잉이 쌓여 있는 방식을 기반으로 한다. 따라서 변위된 직사각형을 보여주는 많은 드로잉과 스케치는 단테움을 위한 것일 수도

중정의 전면 벽의 치수로 표현되도록 할 뿐이다. 반대쪽은 평면에 묻혀 있고 공간적으로는 보이지 않는다.

테라니가 말했던 것처럼, '걸출한 작품'인 바실리카의 모든 주요 공간은 정사각형이거나 황금분할이다[그림 93]. 그 공간들이 인지 가능한 것인 한, 단테움에 대해서도 마찬가지다. 평면으로만 읽히는 형상이라 하더라도 말이다[그림 94]. 그로 인해 단테움의 바깥 형상은 횡적 변위가 있기 전에는 바실리카처럼 황금사각형이고, 변위가 일어난 후에 얻은 폭이 더 넓어진 형상은 파사드 긴 쪽의 포티코를 포함시킬 때, 바실리카의 비율과 같아진다. 양 건물의 말단부 또한 비슷하다. 각 구성 요소들의 끝에 위치한 공간의 좁은 켜들은 더 한층 두 건물을 이어준다[그림 95, 96]. 즉 긴 쪽의 애프스 구역과 바실리카의 짧은 쪽 끝에 있는 포티코, '천국'에서 나오는 출구계단, 단테움의 '지옥'과 '천국' 사이에 위치한 복도가 켜를 이룬다.

언급해야만 하는 구성의 또 다른 잠재적 출처는 가르슈에 위치한 르 코르뷔지에의 빌라 슈타인(1927) 평면이다. 빌라의 평면은 기하학적 패턴으로 구성돼 있는데, 이것은 바실리카와 단테움의 방식으로 한 벌의 겹친 사각형들로 쉽게 분할할 수 있다[그림 97]. 여기서 아주 흥미로운 점은—그리고 추측이 그럴듯해 보이는 이유는—단테움과 마찬가지로 르 코르뷔지에의 평면이 황금분할 직사각형보다 폭이 살짝 더 넓다는 사실이다. 사실 황금분할이 1층에서 생성된 반면, 위층들의 캔틸레버로 이루어진 두 개 구역은 황금비율보다 약간 더 넓은 직사각형을 만들어낸다. 돌출 벽과 관계된 기둥들이 만들어낸 사각형들이 자리를 옮길 때, 이들 사각형은 단테움과 비슷해진다. 르 코르뷔지에는 테라니가 단테움을 생각했던 것과 같은 방식으로

있고 아닐 수도 있다. 여기서 내 목적은 모든 드로잉을 주어진 프로젝트에 부여하는 것이 아니라 형식을 설명하는 것이다.

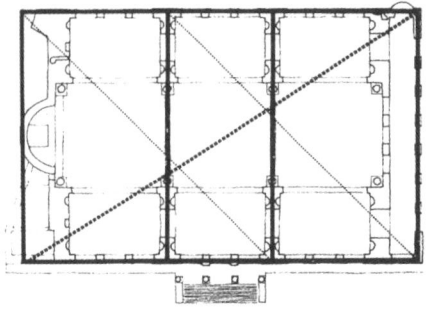
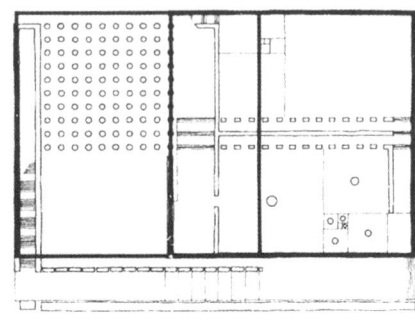

[그림 90]
막센티우스 바실리카.
겹치는 사각형들

[그림 91]
단테움,
변위의 초기 단계.

[그림 92]
단테움,
두 번째 이동

[그림 93]
막센티우스 바실리카,
황금분할 사각형들의
와해

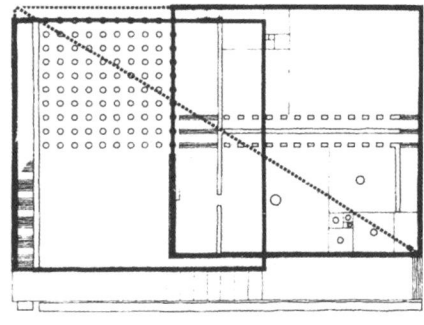

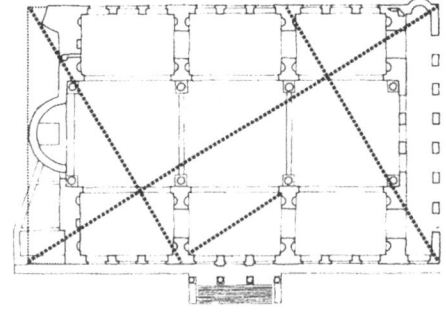

124 단테움 설계: 과정과 선례들

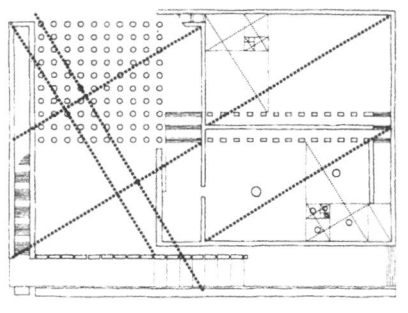 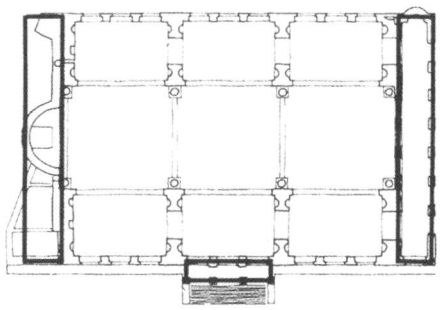

[그림 94]
단테움,
황금분할 사각형들의
와해

[그림 95]
막센티우스 바실리카,
끝 부분

[그림 96]
단테움,
끝 부분

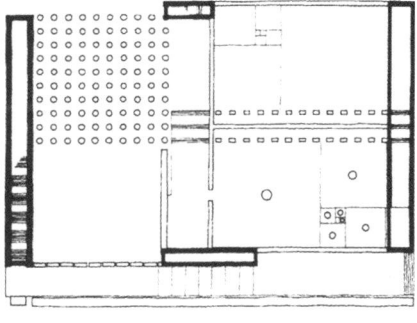

[그림 97]
르 코르뷔지에,
가르슈에 있는 빌라
슈타인 평면,
1927,
종합적인 황금분할과
평면의 사각형들은 두
방향으로 미끄러지는
사각형으로 읽힐 수
있음.

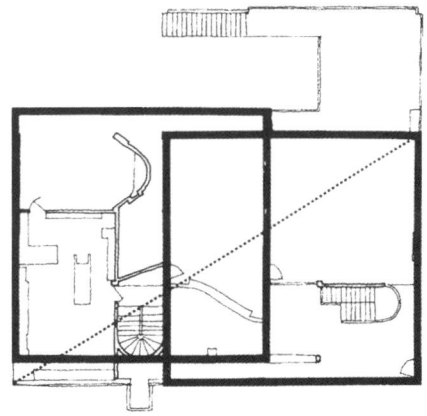

[그림 98]
테라니,
성당 습작.
두꺼운 벽은 입구를
위해 따로 떨어져
미끄러지고, 벽은 수직
슬릿으로 절단된다.

레오 슈타인 주택을 생각했던 것 같지는 않지만, 테라니는 가르슈 빌라의 평면을 이와 같은 방식으로 읽었을 확률이 크다. 비록 내 입장에선 이것이 짐작일 뿐이지만, 테라니가 르 코르뷔지에에 심취했었다는 사실이 이 같은 결론을 대단히 신뢰할 만한 것으로 만든다.

단테움의 다른 형태적 장치에 대한 출처는 중요하다. 근대건축의 특징이라 할 수 없는 두꺼운 벽은 테라니의 작품에서 안 알려진 것이 아니다. 코모의 카사 델 파쇼는 그 추상성과 평면성에도 불구하고 현대식 구성에 비하면 극단적으로 두꺼운 벽을 가진 건물이다. 1932년 카사 델 파쇼의 작업에 착수했던 해에, 테라니는 성당[그림 98]을 스케치했는데, 그것은 극단적으로 두꺼운 벽뿐만 아니라 속이 꽉 찬 것처럼 보이는 볼륨 전면에 자리한 독립 벽을 보여주고 있어서, 정확히 단테움(그리고 맘브레티 무덤)과 비슷해 보인다. 게다가 속이 꽉 찬 것 같은 벽들은 수직으로 좁고 길게 잘려 있어, 단테움의 벽과 흡사하다.
바실리카의 옹벽은 팔라초 리토리오에서 모방했고, 해법 A 또한 단테움에서 모방했는데, 건너편 제국의 길과 대칭을 유지하고 있다(그림 8. 부지계획을 보라). 단테움에서 그 벽은 독립 파사드에 지나지 않는다. 그것은 "그리스 반도와 에게 제도에 아주 잘 보존돼 있는 펠라스기 성벽과 유사한 것"이었고, 그것은 아마 "단테가 자신의 초기 작품인 『제정론』과 『향연』에서 격렬한 논조로 상세히 설명하고 나중엔 『신곡』의 경이로운 3행 연구聯句에서 칭송해 마지 않았던 로마제국의 보편성"[3]을 반영한다.
테라니와 린체리는 그들이 팔라초 리토리오에서 그랬듯, 단테움을 위한 여러 드로잉에서도 유사한 그림 콜라주 기법을

3   테라니, 「보고서」, 13절.

사용했다. 두 개의 '발견된 사물'은 단테움의 부지계획 도면에 붙어 있다. 하나는 이집트 카르나크 신전 단지[그림 99]이고 다른 하나는 페르시아 사르곤 왕의 궁전[그림 100]이다. 이집트 신전 단지에 대한 간략한 설명에는 "엄격한 직선 기하학. 그 기념비적인 파티션들이 지적인 리듬을 결정한다."고 적혀 있다. 이와 같이 신전단지의 둘러싼 벽 도식은 단테움에서 반복된다. 테라니는 또 백 개의 기둥으로 이루어진 포티코를 위해 이집트의 다주식 홀을 빌려왔는데, 다주식 홀은 세바스티아노 세를리오Sebastiano Serlio의 논문에서, 즉 테라니 세대의 건축가들에겐 잘 알려져 있던 문헌에서 또한 참고했다. 세를리오의 고대 그리스 의회당 평면[그림 101]은 르네상스 이론가가 "좋은 건축이 첫 번째로 의도한 창조"라 일렀던 것이다.[4]

전형적인 이집트 신전의 정문 벽은, 테라니가 자신이 그와 같은 모티프로 이중 출처를 얻었다고 믿을 만큼, 고대 에게해의 펠라스기 성벽과 비슷하다. 또 테라니의 파사드를 마치 중세 교회의 파사드로 읽힌다고 주장할 수 있다. 말하자면 단테의 신전 앞에서 공연될 중세 도덕극의 현대적 버전을 위한 배경막일 뿐 아니라 입구이기도 하다는 것이다.

만약 (여러 독해나 의도와 유사한) 다중적인 출처에 대한 아이디어를 따른다면, 역사적 연관성이라는 테라니의 개념을 생각할 수 있을 것이다. 우선 그는 아시리아, 이집트, 그리스 및 로마적인 것을 고대 건축이라는 하나의 범주에 포함시킨다. 이러한 경향은 일정 부분 건축물과 로마의 지배에 의한 평화기Pax Romana에 살았던 사람들을 동일시하려는 테라니의 욕망 때문일지도 모른다. 즉 일정 부분 모든 건축에 들어맞는 공통의

4　George Hersey, *Pythagorean Palaces: Magic and Architecture in the Italian Renaissance* (Ithaca, NY: Cornell University Press, 1976), p. 59. 참조.
5　테라니는 단테움의 구성을 위한 보다 최신의 모델, 즉 그 당시 현대건축의 가장 잘 알려져 있던 이미지 중 하나인 1929년 미스 반 데어 로에의 바르셀로나 파빌리온

[그림 99]
이집트,
카르나크 신전 단지,
에워싸고 있는 벽이
주요 특징이다.

[그림 100]
페르시아,
사르곤 왕의 궁전.
플랫폼이 주요
특징이다.

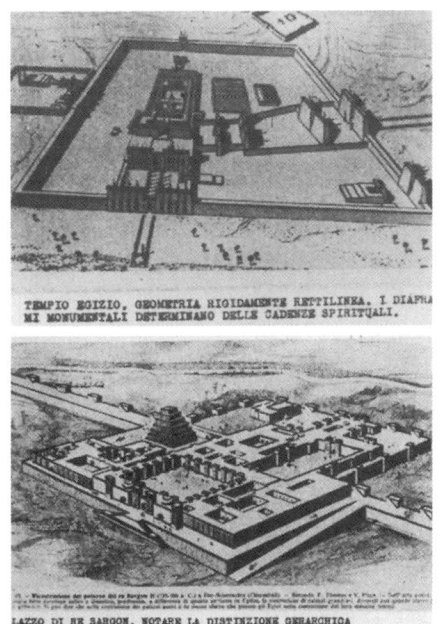

이론적 배경을 찾으려는 테라니의 욕망일 수 있다.

이렇게 해서 테라니는 이집트 신전과 함께 페르시아의 사르곤 궁전(기원전 8년)의 삽화를 포함시켰다. 그림 설명에는 "궁전의 다양한 부분에 관한 위계 구분이 어떻게 수직면보다 수평면에서 이뤄지고 있는지를 주목하라!"고 적혀 있다. 두 개의 삽화, 카르나크와 페르시아는 이때 테라니의 초기 구성요소들을 나타낸다. 이집트 신전들은 "모두가 벽"이고 사르곤의 궁전은 "모두가 단"이다. 각 사례는 단테움처럼 건축 텍토닉적 조직을 이루는 가장 단순하고 가장 기본적인 형태를 갖추고 있다.[5] 한편 다주식 홀은 로키가 주목했듯이 콘스탄티노플의 회교사원들을

같은 것으로 쉽게 갈 수도 있었을 것이다. 이 건물은 또한 플랫폼과 둘러친 벽이라는 가장 기초적인 비전을 가지고 있으며, 단테움과 유사한 산책로를 보여준다. 그러나 그것을 의식적인 선례로 사용하기에는 주택에 너무 가까웠을 것이다. 아마 무의식적인 선례였을 것이므로 예술적 정신에 통합되어 눈치채지도 못했을 것이다.

[그림 101]
세를리오,
그리스 의회 회관의
평면,
백 개의 원기둥

[그림 102]
테라니,
산트 아본디오의
원주들,
캔버스에 유채

[그림 103]
일 베르토이아,
〈키스의 방〉,
프레스코,
두칼레 궁, 파르마,
1566-77.
테라니의 천국의
주민으로 살아가기?

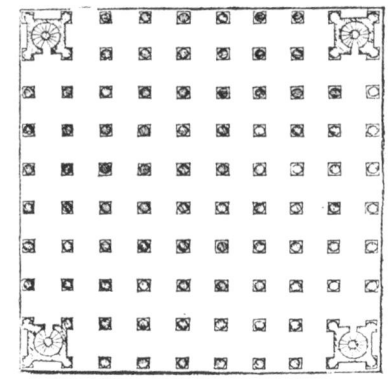

130 단테움 설계: 과정과 선례들

연상시킨다.[6] 포티코의 기둥들 혹은 '숲'은 자국의 것에 더 가까운 출처로부터 파생된 것 같다. 즉 중세건축, 롬바르드 로마네스크 건축의 가장 유명한 기념비 중 하나인 코모의 성 아본디오 교회가 대변하듯이 말이다[그림 102]. 테라니는 이 교회에 관해 적어도 두 개의 유화를 그렸는데, 그가 그렸던 단테움 기둥들과 꼭 닮은 다섯 개 측랑이 있는 바실리카의 파사드와 인테리어였다.

    그렇지만 천국의 유리 기둥들은 파르마에 있는 일 베르토이아Il Bertoia의 회화 〈키스의 방Sala del Bacio〉(1566~77)에서 기인한 것일 수 있다[그림 103]. 이 그림은 금박을 입힌 엔타블러처와 보를 지지하는 크리스탈 기둥들을 묘사하고 있는데, 부분적으로는 하늘에 열려 있고, 배경으로 열린 풍경이 있으며, 춤추고, 껴안고 키스하는 인물들이 있다. 시드니 프리드버거는 이 회화에 대해 "연약하고 절묘한 형태로 … 적개심을 누그러뜨리는 비논리를" 갖고 있으며, "[인물들은] 타나그라의 고대 인형들이 부활한 것처럼 보이지만, 그들은 기괴하면서도 장난기 있는 정신에 감동받는다."고 묘사한다.[7] 비슷한 형용사는 '천국'을 위해 테라니가 설계한 것으로 보이는 것에 적합한데, 기둥들은 콘크리트로 만들어져 있고 동시에 깎아지른 듯한 느낌을 준다. 테라니의 '천국'에 관여하는 것들을 실제 〈키스의 방〉처럼 상상했더라면 단테의 천국 개념에 대단히 흥미로운 반전을 가져왔을 것이다.[8] 그러나 테라니가 실제로 일 베르토이아의 회화를 *제 자리에서*(저자 강조) 보았는지 그렇지 않은지에 관한 질문에는 여전히 답을 찾지 못하고 있다. 다만, 1920년대 후반 포병대 본부로 쓰였던 건물이 파르마에 있는 팔라초 두칼레이며,

---

6   Giuseppe Rocchi, *L'Architettura* 163 (May 1969).
7   Sydney J. Freedberg, *Painting in Italy, 1500–1600*, Pelican History of Art (Baltimore, MD: Penguine Books, 1970), p. 401. 이 관계에 대해 나는 주디스 디마이오(Judith di Maio)의 도움을 받았다.
8   단테의 「천국」에는 투명한 인류가 있는데, 이는 그들이 "숨길 게 아무것도 없기" 때문이다.

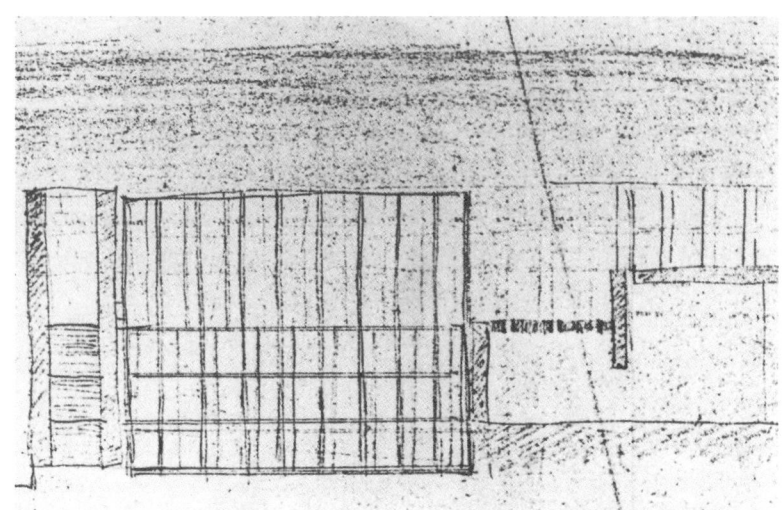

[그림 104]
단테움,
테라니의 손으로 그린
단면 스케치

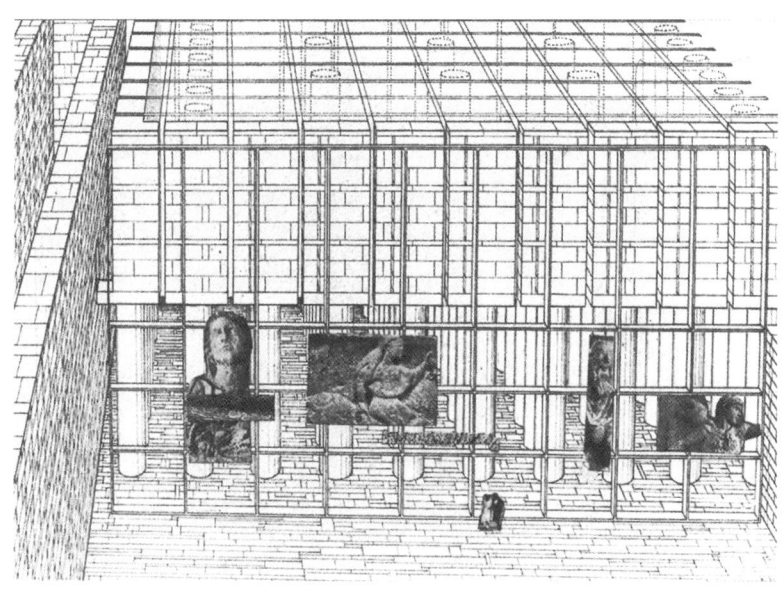

[그림 105]
단테움,
중정 투시도 상세.
'페디먼트 조각물'을
새로운 방식으로
보여주는 '현대적인'
포티코

1928년 당시 테라니가 첫 번째 군복무를 할 때 크레모나와 피아첸차에 주둔했는데 그곳은 파르마에서 그리 멀지 않았다.

건축 콜라주의 마지막 조각은 출입마당의 뒤쪽 파사드에 있는 독립 스크린이며, 마지막 드로잉에서 딱 두 개만 등장하는 요소이고 모형에는 보이지 않는다. 스크린은 단면 스케치[그림 104]에 분명하게 나타나는데, 테라니의 탁월한 설계를 더 잘 보여준다. 그는 「보고서」에서 그것을 언급하지 않는다. 스크린, 그것은 이탈리아에서 파시스트 시기의 수많은 가구식 구조물(코모에 있는 카사 델 파쇼의 초기 계획들 중 하나인 테라니의 가구식 탑을 포함함.)을 닮은 것으로, 일부는 시칠리아의 그리스 유적에 기원을 두고 있는 조각품들의 몽타주된 사진[그림 105]을 보여준다. 조각품들 중에는 셀리누스에서 온 에우로페와 헤라클레스도 있다. 그 사진들에 관한 구체적인 언급은 분명치 않지만, 스크린은 페디먼트에 설치된 조각들을 갖춘 현대판 신전의 정면 역할을 한다. 아니면 벽 건축에서, 스크린이 처음에는 디자인과 맞지 않는 것처럼 보인다. (그것은 아마도 건축가이자 디자이너인 마르첼로 니졸리Marcello Nizzoli가 그렸을 텐데, 그는 발표를 도왔고 실행되지 않았지만 카사 델 파쇼의 부조를 만들었던 인물이다. 하지만 그 개념은 분명 테라니의 것이다.[9]) 이 이차적인 파사드는 아홉 개 구역과 열 개의 '기둥들'을 포함하며, 고대 그리스의 열 개 기둥을 가진 신전을 상기시킨다. 스크린과 뒤쪽 파사드의 비율—테라니가 '포티코'라 일컬었던 것—은 아테네 파르테논 신전의 포티코와 거의 일치한다. 적어도 테라니는 역사적 형태와 요소들의 현대적 등가물을 생각하고 있었는데, 그가 계속해서 썼던 글에서 드러나는 암시와 디자인 의도가 이를 보여준다.

9   1976년 저자와의 인터뷰에서 루이지 주콜리는 니졸리가 스크린을 그린 것이라 생각한다고 말했다.

스크린은 실제적인 요소라기보다 철골구조물을 상징하는 것인데, 왜냐하면 그 비율로는 쓰러지지 않고 서 있기도 어려울 것 같기 때문이다. 하지만 독립 골조는, 작품의 본체에 흡수되는 골조에 비해, 드물게 이탈리아 합리주의를 대표한다. 미스Mies에게 그것은 격자로 된 보편적인 덮개, 그야말로 둘러싸지 않고도 보편적 공간을 규정하는 일종의 끈으로 된 쇼핑백이다. 르 코르뷔지에가 볼 때 골조는 건설 시스템과 켜를 이룬 공간 시스템 간의 대화를 설정하는 것이다. 그것은 특성상 볼륨의 안쪽에 있다. 이와 대조적으로, 테라니(그리고 대개 이탈리아인들)에게 골조는 흔히 외피 바깥쪽에 있고 외피 자체는 뒤쪽에 있는 면으로 표현된다. 골조는 말 그대로의 골조라기보다 수사적인 골조다. 그것은 옛 건축물을 생각나게 하는 장식적 요소다.

구조적 전복은 수사적인 것을 분명하게 드러내고, 역사적 참조물은 15세기와 16세기 건축을 직접적으로 겨냥하고 있는데, 이 시기 파사드에 질서를 부여하는 장치는 알베르티, 상갈로 부자, 줄리오 로마노, 비뇰라의 작품에서 정점에 달했다. 테라니는 이 시기를 유달리 좋아했고[10] 기하학적 질서와 합리적 과정을 동일시하는 그의 경향은 골조를, 골조의 구조적인 특성을 없앤 일종의 추상적 질서장치로 활용하는 것으로 표현된다. 테라니의 역사적 참조물 수용과 피아첸티니가 아치와 기둥들로부터 골조를 추상화한 것을 구분하는 것이 중요한데, 피아첸티니의 것은 그저 "비굴한 모방"에 불과했다.(테라니의 용어에 관한 주콜리의 주해)

단테움은 수직면에는 단 하나의 골조만을 포함하고 있는 데 반해, 수평면에는 두 개의 골조—'천국'의 유리 기둥들로 지지되는 골조와 '연옥'의 골조로 이루어진 개구부—가 나타난다. 단테움의 골조는 *생성과정에서*(저자 강조) 건축적 모티프이면서

10　Bruno Zevi and Renato Pedio, *Omàggio a Terragni* (Milan: Etas-Kompass, 1968)에서 루이지 주콜리 참조.

그 모습은 거의 역설적인 수준인데, 그것은 마치 테라니가 자신은 특정하게 감지할 수 있는 건축술적 모티프를 필요로 하는 것이 아니라 순수 기하학의 관계만을 필요로 한다고 말하는 듯하다. 반反 피아첸티니이거나 더 나은 것이든, 기둥-벽 공식을 뒤집은 오예티의 진술에 반대하는 것이든 상관없이, 거기에는 반 모던적이고, 반 국제주의 양식적 진술이 도사리고 있다. 이것은 단테움의 더 전통적인 두꺼운 벽으로 표현된다.

합리주의적이고 기념비주의적인 주류 양상들을 반어적으로 거부하는, 테라니의 건물 중 가장 개성적인 단테움은 그가 원했던 바, 탈물질화되고 영적인 인공물이 된다. 그리고 단테움이 정치적·영적 경험을 위한 준비, 파시스트 이데올로기에 대한 신념의 확언, 개인 목표를 위해 이탈리아 민족적 경향을 저버리는 이들에 대한 경고로 기획된 전형적인 파시스트 설계물로 비칠 수 있지만, 그것은 또한 근대운동이 내포하는 규칙을 깨뜨리는 건물이기도 하다.

르 코르뷔지에와 마찬가지로, 테라니는 자신의 건축을 범주화하려 하지 않았다. 1931년, 그는 다음과 같이 썼다.

> 우리는, 합리주의에 도달하기 위해 건축을 이용하는 것이 아니라, 건축에 도달하기 위해 합리주의를 활용한다. … 고요하고 명확한 합리주의가 있으며, 대부분은 지중해적인 것으로 특정한 그리스식 건물로 이루어져 있다. 그리고 일부 전형적인 북유럽 건축가들이 만들어 낸 야만적 합리주의가 있다. 태양 아래, 나무와 꽃들 속에서, 물을 마주하고 있는 삶에 잘 어울리는 주택과 빌라를 만들어내는 합리주의가 있다. 그리고 불결하고 악몽 같은 비인간적 비전을

만들어내는 합리주의가 있다.[11]

11 Giuseppe Terragni, "L'appassionata polemica degli architetti italiani su le nuove forme della architettura contemporanea(새로운 형태의 현대 건축에 대한 이탈리아 건축가들의 격렬한 논쟁)"(1931), Enrico Mantero, *Giuseppe Terragni e La Città del Razionalismo in Italia* (Rome: Dedalo, 1969), pp. 103-104 재인용.

오! 건전한 지성을 가진 그대들이여, 불가사의한 시구(詩句)의 베일에 가려진 교리에 유의할지어다.

단테,「지옥편」, 제9곡

제4장
테라니와 단테: 물질성과 초월성

「보고서」와 단테의 글 간의 유사성이 보여주듯, 중세 시인에 대한 테라니의 동일시는 깊어졌다. 그렇기 때문에 단테움의 완전한 의미를 가늠하려면 건물과 시, 건축가와 시인 간의 연관성을 탐구할 필요가 있다.

건축과 문학을 상호 참조하는 테라니의 성향, 두 가지가 거의 구분되지 않을 정도까지 참조하는 그의 성향은 아마도 마시모 본템펠리와의 우정 때문이었을 것이다.[1] 이 지적인 인물은 이탈리아의 근대운동에 관여한 화가와 건축가에게 지대한 영향을 미쳤다. 본템펠리는 여러 분야를 다루는 종합 리뷰지 『콰드란테 Qudrante』의 편집장으로서, 모든 예술분야—문학예술, 조형예술, 무대예술—에서 사람들을 한데 모을 수 있었다. 언어로서의 건축은 본템펠리의 주된 관심사 중 하나였고, 그의 금언, "형용사 없이 쓰라, 매끈한 벽으로 지어라."[2]—미래파에서 나옴—는 두 매체 간의 잠재적 상호연계를 보여주는 주요한 예다. 그는 그러한 상호 참조와 교차수정에 대한 자신의 관심을 명확히 하면서, 다음과 같이 쓴다.

> 시(또는 일반적으로 예술)를 건축이라 말한다면 이때 예술은 거주 가능한 세계로 바꾸는 것을 뜻한다. … 건축 작품의

---

1   이탈리아의 현대 건축, 특히 테라니에게 끼친 본템펠리의 영향에 대한 논의는 A. Longatti, "Massimo Bontempelli e l'architettura 'naturale'," *L' Architettura* 163 (May 1969) pp. 34-35. 참조.
2   같은 책, p. 35.

특별한 속성으로 인한 주된 결과는 작품 자체가 저자로부터 절대적으로 분리돼 있다는 것이다. 건축은 지구 표면을 현실적이고 실제적으로 바꾼다. … 건축술적 작품은 저자가 그것을 모르더라도 위대한 것일 수 있다. … 저자로부터 작품을 멀어지게 하는 것, 이처럼 문학에서 탯줄을 완벽히 잘라내는 것이 신화를, 우화를, 캐릭터를 창조하는 것에서 일어난다. … 이것이 최고의 이상이어야 한다. 동료 작가들이여, 익명이 되자.[3]

만약 시가, 혹은 일반적으로 문학이 건축으로부터 익명의 기술을 빌려올 수 있다면, 건축가는 작가를 모방할 수도 있다. 테라니가 보기에 이것은 건축 구성에서 신화와 캐릭터를 창조하는 것을 뜻했다. 단테움과 「보고서」에서 그는 학문적으로 형식과 주제, 신화와 구성을 분리해, 그 두 가지가 디자인 행위 속에서 다시 융합될 수 있도록 했다.

    테라니는 또한 형식과 내용에 관한 개념을 베네데토 크로체에게서 가져왔다. 그는 크로체와 마찬가지로 주제가 구성의 추상적 구조와 맺는 관계에 강한 흥미를 갖고 있었다. 그것들이 『신곡』에 있었는지, 기둥이나 포티코와 같이 전통적인 건축요소에 있었는지는 문제되지 않았다. 크로체는 『표현학과 일반 언어학으로서의 미학』(1902)에서 추상적 구성의 관습적 요소에 대한 반응은 정신의 직관적 활동에서 비롯된다고 상정했다. 이 직관적 지식, 또는 '미학'은 "다른 등급의 활동이 의존하는 첫 번째 등급"이다.[4] 이때 크로체가 볼 때, 우리가 건축에서 '형식'이라 일컫는 것들은 '상징'에 앞서 인지된다. 테라니에게도 똑같은 지각의 시퀀스가 작용한다. 이것은 건물의 구성형식과는 별개의

---

[3] 같은 책, p. 34.
[4] Herbert Carr, *The Philosophy of Benedetto Croce* (New York: Russel and Russel, 1969), p. 6.

것으로서 테라니의 "접목된 의미"라는 개념을 전제한 것이다.

테라니가 볼 때, 건축에 대한 단테움의 가장 기본적인 응답은 비록 계획안의 기하학이 불가사의한 기하학적 조작들로 가득 차 있더라도 관찰자 입장에서 아무런 지적 행위도 요구하지 않는 것이다. 그는 단테의 체계에 대한 자신의 형태적 변화와 수와 관련된 대응물들이 지각 가능한 것이라고 주장하지 않았다. 그것들이 작품 속에 묻혀있고, 우리가 그것들을 첫눈에 파악할 수 없다면 누구도 난해성을 제기할 수 없을 것이다.

크로체는 직관과 표현을 결합해, 예술적 성취의 종합에서 작품의 기원을 형성하는 것은 그러한 표현이라고 주장한다. 크로체와 그를 따르는 테라니가 보기에 이것이 예술과 과학을 구별한다.

> 형태에 의해 포위되고 정복당한 물질은 구체적 형태로 바뀐다. 우리의 직관을 서로 구분하는 것은 물질, 즉 내용이다. 예컨대 형태는 지속적이며, 그것은 정신적인 활동이다. 물질은 가변적인데, 만약 물질이 없다면, 정신적 활동은 실제적이고 구체적인 활동, 이러저러하게 정신적으로 질서지어진 내용, 이러저러하게 확정적인 직관이 되기 위해 그 추상성에서 나오는 일은 결코 없을 것이다.[5]

단테움은 '정신적 활동'으로, 즉 추상형식으로 시작하고, "접목된 의미"(테라니의 용어)가 덧입혀져 그것만의 특별한 '정신적 내용'을 갖는다. 이때, 테라니에게 형식들은 바람직한데, 그 형식들이 "조화로운 법칙"(다시 테라니의 용어)을 고수하기 때문이다. 또 그

---

5   Benedetto Croce, *The Aesthetic of the Science of Expression and of the Linguistic in General* (1902); 재인쇄 (New York: Cambridge University Press, 1992), p. 6.

형식들은 소통의 성격도 지니는데 그것들이 의미론적인 의도로 덧입혀져 있기 때문이다. (우리는 「보고서」를 통해 그 의도에 다시 접근한다. 그가 직접 작성한 「보고서」를 통해 단테의 『신곡』에 다시 접근한 것처럼 말이다. 「칸 그란데 델라 스칼라에게 보내는 서한」 참조)

따라서 테라니는 본템펠리에게로 관심을 돌린다. 그는 문학 방식들의 적용, 즉 크로체를 통해 여과된 본템펠리의 입장에 찬성한다. 문학적 테마는 주제가 된다. 1930년대 근대운동으로 볼 때 이것은 분명 당시 분위기와 맞지 않는 것이었으며 사실상 혁명적인 행위였다.

건축에서 문학 텍스트에 대한 관심은, 기호학과 여타 문학적 방법이 건축비평에 영향을 미치기 시작한 1970년대까지 다시는 이슈가 되지 못했다. 1968년 후반, 건물과 시를 연관시키고자 한 테라니의 의도는 이탈리아 건축사가들에게 영향력이 있던 줄리오 카를로 아르간의 비판을 받았다. 아르간에 따르면, 단테움은 "엄청난 실수였다. 왜냐하면 한 건물의 평면분배와 시詩의 구조를 일치시키려는 생각은 우습게도 승리, 애국심, 혹은 제국의 영속을 건축적으로 표현하려는 것에 지나지 않기 때문이다."[6] 아르간의 주장은 자신의 정치적 견해('유럽공산주의자')와 CIAM 기원을 반영한다. 테라니, 혹은 본템펠리도 아르간의 주장을 논박했을 수 있다. 문학이 기억을 성문화하는 것과 같은 방식으로 건물이 기억 체계로 쓰인 역사적 사례를 들면서 말이다. 가장 기본적인 의미에서, 중세 성당과 르네상스 정원은 그러한 구축물을 대변한다.[7]

『신곡』은 프란시스 예이츠가 그토록 웅변적으로 입증했듯이[8] 그 자체로 일종의 기억을 담은 책이었고, 신의 은총을

---

6 Giulio Carlo Argan, Report in *L'Architrettura* 163 (May 1969), p. 7.
7 아르간과 다른 사람들이 '새로운 로마 제국'을 건축적으로 고양하기를 거부한 것에 대한 타당성은 건축이 그러한 이상을 시도해서는 안 된다는 전제에서가 아니라 파시즘의 도덕적 타락에서 더 나은 근거를 찾을 수 있을 것이다. 아르간이 고대 로마건축이 제국을 고양하려는 시도가 아니라고 한 것인지는 의문이다.

성취하는 안내서였다. 게다가 『신곡』은 유사 이래 모든 문학에서 가장 정교한 건축적 산책로 중 하나를 그려낸다. 단테움 건설은 (단테 박물관이나 연구 센터 그 이상으로) 학교 아이들처럼, 단테의 인물들이 보여주는 삶, 죽음 그리고 사후의 운명에 밀접하게 관련된 모든 이탈리아인의 감수성을 환기시킬 수도 있다. 이것이 테라니가 자신의 추상적 건물에 비유적 요소들을 덧붙일 필요가 없었던 이유다. 방문객이 그런 인물과 기억들을 제공할 것이기 때문이다. 이것은 문맹인이 아닌 식자識者들을 위한 성당, 즉 중세 교회와는 정반대의 것이 될 것이다. 실제로 그 책[성경]은 건물을 파괴하지 않았다. 그것은 단지 건물의 장식적인 프로그램을 바꿨을 뿐이다.

테라니는 단테의 주제와 내용의 분리에 대한 본템펠리의 해석을 위해 크로체에게 더욱 의존했다. 미적 이상주의에 크게 기대고 있는 『단테의 시』에서, 크로체는 단테의 시적 상상력을 분석해 (다음과 같은 방식으로) 단테의 진가를 가장 잘 이해할 수 있음을 암시한다.

> 구조와 시를 엄격하게 구별함으로써만, 그것들을 꼭 철학적이고 윤리적인 관계 속에 위치시킴으로써만, 그래서 그것들을 단테의 정신에 필수적인 요소로 간주함으로써만, 하지만 그 둘 간의 시적 관계가 있다는 생각을 피해야 한다는 것을 명심함으로써만. (우리는 단테의 진가를 가장 잘 인식할 수 있다.) 오직 이 방식을 통해서만, 『신곡』의 모든 시를 완전히 즐길 수 있고, 동시에 그 구조를 받아들일 수 있다. 아마도 조금은 냉담하게, 하지만 거부감 없이, 그리고

---

8   Francis Yates, *The Art of Memory* (London: Routledge & K. Paul, 1966).

무엇보다 조롱하지 않고서 말이다.⁹

정말, 조롱하지 않고서! 더 정확히 말해, 테라니는 크로체의 렌즈 덕분에 단테의 구조를 알아볼 수 있었고, 더 나아가 물질에 개의치 않고 시의 구조를 조정할 수 있었을 것이다. 그것은 마치 크로체가 테라니에게 아이디어 및 이미지 선택을 위해 항상 다른 범주를 사용하면서, 한편으론 단테의 수비학을, 다른 한편으론 그의 알레고리를 좇으라고 승인해준 것이나 마찬가지다. 따라서 테라니는 시의 구성적, 구축술적 독립성과 함께 단테움이 시에 기대고 있음을 동시에 주장할 수 있었을 것이다.¹⁰ 르네상스 교회의 돔이 하느님의 세계를 상징하는 것과 같은 신성한 "행복한 우연happy coincidence"은 여기서 테라니가 단테의 수학에 접근할 수 있도록 했다.¹¹ 테라니가 볼 때, 이런 종류의 동등한 기반 없이는 단테움의 구조를 『신곡』의 구조에 "맞세울 수" 없었다. 그는 "건축 기념비와 문학작품은 … 오직 『신곡』의 경탄할 만한 구조를 검토함으로써만 … 단 하나의 도식을 고수할 수 있다."고 말한다.¹² 즉 테라니에게 시의 구조는 독립적으로 존재해야 하고 시든 건물이든 적용할 수 있는 것이어야 했다.

      테라니는 기념비가 시의 분위기를 너무 정직하게 복사하지 않도록 주의를 기울였다. 하지만 그는 크로체와 똑같은 위험—예술작품의 구성요소를 임의로 분리하는 것으로, 그렇지 않으면 지을 수 없는 게슈탈트가 형성됨—을 감수했다. 루이지 피란델로는 『단테의 시』에 관한 리뷰에서 바로 이런 잘못을 빌미 삼아 크로체를 비난했다.

---

9 Benedetto Croce, *La Poesia di Dante* (Bari: Laterza, 1921)는 John Freccero. ed. *Dante: A Collection of Critical Essays* (Englewood Cliffs, NJ: Prentice-Hall, 1965), p. 15에 수록된 루이지 피란델로의 리뷰에서 인용.
10 주세페 테라니, 「단테움 보고서」, 미발행 원고(1938), 5절.
11 테라니는 적어도 두 가지 측면에서 르네상스와 연결된다. 첫째, 열렬한 가톨릭 신자였으며 15세기 세계관을 공유했다. 둘째, 고전건축에 대해 교육 받았으며

> 그[단테]가 신곡을 쓴 것은 시적이면서도 비 시적인
> 부분들로 구성된 논문이나 작품이 아니라 하나의 시를 쓰고
> 싶어서였음을 나타낸다. … 그[단테]의 공상은 아이디어가
> 아닌 이미지로 채워져 있다. 하지만 크로체는 단테의 마음에
> '주제'가 '시에 의해 형성'되고 알레고리적·도덕적 논문의
> 주제로 남아 있다고 말한다.[13]

피란델로의 의혹에도 불구하고, 또 단테움은 건물이지 알레고리적·형식적 구성이 아니라는 사실에도 불구하고, 테라니의 단테 해석은 『신곡』을 정말로 그와 같은 논문으로 만든다. 그렇지만 유사한 분석 덕분에, 테라니는 모방을 위해 건축적으로 연관성 있는 면들을 선택할 수 있었다.

그 결과 한 매체에서 다른 매체로의 개념 치환은, 테라니 입장에선, 이를 「보고서」에 장황하게 다룰 만큼 중요한 것이었다. 그 [개념의] 치환은 테라니의 건물 프로그램에 적합한 새로운 의제議題를 만들어내며 국제주의 양식의 기능주의적 엄격함과 굴종적이며(그의 용어) 진부한 절충주의에서의 궁극적 탈출로 비쳤던 건지도 모른다. "형용사 없이 짓기"를 해석하기 위해 본템펠리의 금언을 뒤바꾸면 (달리 말해 '해체하면') 테라니의 「보고서」 서문과 건물의 도상학적 프로그램이 나타난다.

> 신성한 것이라 불리는 그의 작품에 경의를 표함으로써
> 한 위대한 인물을 찬미하는 것은 아마도 근대건축의

건축 역사에서 르네상스를 중요한 단계로 보았다. Zuccoli, *L'Architettura* 163, p. 16. 참조.
12   테라니, 「보고서」, 5절.
13   Luigi Pirandello, Freccero, *Dante: A Collection of Critical Essays*, p. 20에서 재인용.

약사略史에서 매우 중요한 프로그램을 처음으로 규정하는 일일 것이다. 그것은 표현의 최대치를 최소한의 수사로 얻는 것, 감정의 최대치를 최소한의 장식이나 상징적 형용사로 얻어야 한다는 것을 뜻한다.[14]

테라니에게 건축적 형용사가 되는 것은 무엇인지 물을 수 있다. 그는 아이디어를 설명하거나 규정하지 않지만 분명히 기념비주의자들의 수사적 장식과 오더를 포기한다. 테라니에게 형용사는 건물의 중심 테마에서 직접적으로 이끌어 낸 요소들이 아니라 알베르티의 의미에서 '부가된' 어떤 것임에 틀림없다. 이런 이유로, 테라니는 형용사 없는 건축을 창조하기 위해 단테움 설계에서 독특한 테마를 유지해야 한다고 주장했다. 린제리가 "마흔 채의 집에 대한 충분한 아이디어"[15]를 담고 있다고 묘사한 건물, 카사 줄리아니 프리제리오에서 보듯이 하위 주제의 발전은 설계 과정에서 마치 첨가제처럼 형용사를 활용할 수 있게 한다.

단테와 테라니가 각기 역사와 선례를 언급하는 유사성 또한 중요하다. 단테는 자신의 『신곡』을 실제 역사적 인물들로 채운 다음 시간과 장소를 대체해, 독자가 단테의 여정에서 벌어지는 이 구체적인 사건들을 우주와 자신의 경험에 연관시킬 수 있도록 했다. 단테는 더 나아가 오래도록 지속되는 제국이라는 측면에서 역사를 언급했고 중세 시인으로서 자신의 정체성 문제를 다루었다. 낸시 렌키스는 그의 문제를 다음과 같이 요약했다.

로마와 로마식 삶을 옹호하기 위해, 단테는 시인으로서 스스로를 변호해야 했다. … 로마 문화의 쇠퇴 이후 시에 관한 오랜 경멸이 뒤따랐다. … 사실 시와 시인들은 세상의

---

14 테라니,「보고서」, b절.
15 린제리는 건물이 완공되었을 때 테라니에게 이런 사실을 말했다. 피에르카를로 린제리와의 인터뷰, 1976.

구원이라는 기독교의 기획에서 필수적인 것이 아니었다.[16]

파시즘 체제하의 건축가들에게, 그 문제는 닮은 데가 있었다. 비록 그들이 앞장서서 (전 유럽의 건축가들이 그랬듯이) 자신들이 미래를 주조하는 핵심 인물들이라 믿었음에도 정권은 그들이 서로 다투도록 하고 사회적 편익이란 측면에서 거의 아무것도 성취하지 못하도록 했다. 하지만 1930년대 내내, 심지어 파시스트 고위층의 마음을 사로잡기 위한 투쟁이 실패했을 때조차, 테라니 등은 정권에 로비를 계속 벌였다. 더 나아가 그들은 역사가 불가피하게 자신들의 건축 양식으로 이끈다는 생각을 계속해서 언급했다. 따라서 테라니는 은연중 건축의 사회적 중요성을 주장하는데, 이는 단테가 은연중 시의 사회적 중요성을 주장한 것과 아주 유사하다.

테라니의 단테와의 동일시는 다양한 방식으로 표출됐다. 그것은 테라니의 「보고서」 문체와 구성방식에서 처음 드러났는데, 보고서는 「칸 그란데 델라 스칼라에게 보내는 서한」에서 보이는 단테의 문체를 거울처럼 반영한다. 테라니는 「보고서」에서 『향연』과 『제정론』을 구체적으로 언급한다. 이들 책에는 로마제국의 영속을 암시하는 것들이 처음으로 상세하게 설명돼 있는데, 따라서 단테의 모든 작품에 헌정되는 이 건물은 감미로운 새 문체dolce stile nuovo로 쓰인 초기 작품들에서 비롯된 것일 수 있다. 교회와 관련된 단테의 제국 개념은 파시스트의 의제—황제는 교황을 통하지 않고 신에게서 직접 속계를 통치할 정당한 권위를 부여받아야 한다—에 완벽히 부합한다. 독실한 가톨릭 신자이자 열성적인 파시스트인 테라니는 이 '체계'를 명백히 동시대

---

16   Nancy Lenkeith, *Dante and the Legend of Rome* (London, 1952), p. 33.

이탈리아의 삶에 적용할 수 있는 것으로 해석했다.

테라니의 「보고서」에서 핵심적인 것은 단테가 쓴 보고서, 즉 「칸 그란데 델라 스칼라에게 보내는 서한」이었다.[17] 그 서한은 환대에 대한 감사 편지였으며, 칸 그란데에게 보내는 선물로 「천국편」을 바친 것이자, 여러 수준의 알레고리로 채워진 어려운 텍스트 안에서 길을 잃을까봐, 「천국편」(더 나아가 『신곡』)을 요약해 설명한 것이었다.(p.138을 보라) 편지는 또한 시의 구조, 시의 내용을 이루는 각양각색의 층위와 '의미'에 대한 안내서이자, 박람회를 위해 단테의 선택을 설명하는 것이었다. 「보고서」는 정확히 이런 종류의 문서다. 그것은 분명 테라니가 '무솔리니에게 보내는 서한'이었다. 그리고 여기서 무솔리니라는 인물에 도달하기 위해 칸 그란데(수호자)와 룩셈부르크의 앙리(그레이하운드, 단테가 제국을 복구하리라 기대했던 인물)를 결합해야 하지만, 이는 결코 테라니의 상상력을 넘어선 행위가 아니다.

단테는 우선 내용에서 형식을, 의미에서 구조를 분리했다. 그는 시의 형식을 내림차순의 구조적 요소라는 측면으로 설명했는데, 이는 테라니가 단테움을 위해 수행한 것으로 그는 이때 다음과 같이 썼다. "건물을 이루는 방들의 가장 중요한 분할—황금사각형을 분해함으로써 평면의 작동방식을 끌어냄—에 맞춰, 차례로 수학적이고 기하학적인 대응점을 추적할 수 있다."[18] 단테는 그 다음 시의 구조를 세 부분으로 나누었다. (1)세 개의 찬송가(「지옥편」, 「연옥편」, 「천국편」-역주), (2)각 찬송가를 칸토㎝들로 나누기, (3)각각의 칸토를 운문의 시행들로 나누기.[19] 단테가 '이중twofold' 형식의 두 번째 파트라 설명했던,

---

17 칸 그란데는 단테의 후원자였다. 단테의 「칸 그란데 델라 스칼라에게 보내는 서한」(이하 「서한」으로 인용)의 영문 번역은 Paget Toynbee, *Dantis Alagherii Epistolae* (Oxford: Clarendon Press, 1922) 참조. 「서한」은 수세기 동안 학자들이 논쟁을 벌였지만 20세기에는 진품으로 간주되었다. 그것이 진품이든 아니든 테라니에게 영향을 준 듯하다.

이러한 조치는 열 개의 유형—"시적인 것, 허구적인 것, 서술적인 것, 본론을 벗어난 것, 구상적인 것, 그리고 더 나아가 확정적인 것, 분석적인 것, 증거를 제시하는 것, 논박하는 것, 설명적인 것"[20]—으로 세분화된다. 그런 다음 단테는 이중 분할 대 삼중 분할을 수행하는데, 이 아이디어는 단테움의 분할에 반영된다. 이중 분할을 만드는 십자형 도식은 주요 내부 공간을 세 부분으로 나누는 것과 비교된다.

  테라니는 "삼위일체의 통일성"을 얻으려는 의도로 자기식의 이중적이고 삼중적인 분할 놀이를 정교하게 만들어냈다. 심지어 그는 황금사각형을 "명백히 삼위일체의 통일성이란 조화 법칙을 명확하게 표현하는 직사각형"이라는 불가사의한 설명으로 주제를 벗어났고, 더 나아가 "하나는 직사각형이며, 셋은 황금비율을 결정짓는 조각들"[21] 이라는 설명까지 덧붙인다. 테라니는 황금사각형의 분해에서 무한수의 정사각형과 직사각형들을 만들어 나선형태를 생성하는 것이 단테적 의미—무한의 개념—를 갖는 것이라고 설명했다. 그는 또한 '지옥'과 '연옥'의 구성에서 나선형 모티프를 깔때기의 평평한 투영과 단테 영역의 원뿔 모양으로 활용했다.

  「보고서」에서 테라니가 구조와 의미를 분할한 것, 즉 그의 기하학과 그 기하학이 나타내는 바의 분할은 형식상 「서한」과 더욱 유사하다. 세부사항에 대한 첫 번째 구성의 결정에 동일한 계획을 활용하겠다는 그의 주장 또한 단테—"같은 방식으로 부분의 형태는 전체 작품의 형태에 의해 결정된다."—를 연상시킨다.[22]

---

18 테라니 「보고서」, 8절.
19 Toynbee, *Danis Alagherii Epistolae* 참조.
20 위와 같음.
21 테라니, 「보고서」, 6절.
22 단테, 「서한」, 12절.

「천국편」에 보이는 전진(혹은 산책로)의 실용적 성격 역시 단테움 설계에서 반복된다. 단테는 다음과 같이 설명한다. "내러티브 과정은 하늘에서 하늘로의 상승일 것이다."[23] 테라니는 "각기 다른 높이로 배치된 방들로 이루어진 세 부분의 신전은 상승하는 경로를 설정한다."[24]고 설명한다. 테라니가 단테의 생각을 각색한 핵심 문구는 다음과 같다. "각기 다른 방식으로 구축된 이들 방은 방문객이 물질과 빛의 숭고화를 위해 점진적으로 준비할 수 있도록 통합됐다."[25] 이 문장은 가장 단테 다울 뿐 아니라 시의 근원에 관한 성 아우구스티누스의 생각—"물질과 변화의 세계 너머에 도달하려는 이성적 영혼의 첫 번째 관념"[26]—을 다른 말로 바꿔 표현한 것이다. 여기서 20세기 초 시대정신으로 가득한 논쟁에 푹 빠져 있는 현대 건축가는 형언할 수 없이 초월적인 것을 이루려고 한다.

초월성은 『신곡』과 단테움 둘 모두의 근본 특성이다. 황금사각형을 분해하고 천국의 물질성을 분해하는 것은 다 같이 이 개념을 표현한다. 단테는 「천국편」에서처럼 순차적 경험과 더 깊은 의미를 신중하게 구분했다. 왜냐하면 거기에서 그는 "첫 번째 생애에서 필멸의 한계에 가로막혀 사물의 본질을 보지 못하지만, 오직 순차적 경험 속에서만 축복받은 사람처럼 본질을 볼 수 있기 때문이다. 그것이 그가 보여준 방식이다."[27] 신성한 법은 순차적 경험 속에도 시의 구조에도 드러나지 않는다. 한 발짝 물러서서, 말하자면 신성한 법의 완전한 규칙과 본질을 이해하기 위해서는 멀리서 그 작품을 응시해야 한다. 단테움에서는, 시의 찬송가(신곡)에 헌정된 공간들을 표현하는 것을 제외하고,

23 같은 책, 33절.
24 테라니, 「보고서」, 23절.
25 위와 같음.
26 Lenkeith, *Dante and the Legend of Rome*, p. 32. 단테가 베르길리우스를 좇았던 것처럼, 성 아우구스티누스 역시 베르길리우스를 읽었다.
27 Barbara Reynolds, "Introduction," in Dante Alighieri, *Paradise*, trans. Barbara Reynolds (London: Penguin, 1962), p. 26.

단테의 구조적 모티프 중 가장 명확한 것들만 그 시퀀스에서 드러난다. 우리는 그 시를 가져와 건물을 통과하는 여행에서 그 이야기—시의 가장 단순한 차원—를 경험한다. 우리는 더 심오한 의미를 반영해야 한다. 나머지는 평면을 읽고 「보고서」를 읽어야 한다. 「서한」과 같은 문서는 저자의 의도를 이해하는 실마리이다.

건물의 실제적인 생성 구조를 읽기 어렵게 하는 것이 테라니의 중요한 의도이다. 참가자가 그 경험을 풀어내는 데 많은 노력이 필요하다는 것은 분명하다. 자신의 시가 지닌 난해함에 대한 (따라서 지복至福의 성취의 어려움에 대한) 단테의 경고는 테라니의 그것과 유사하다. 단테는 「천국편」 열 번째 칸토에서 다음과 같이 적었다.

> 독자여, 그대가 경계하는 것보다 더 빨리 기쁨을 느끼려거든
> 조금 더 의자에 앉아
> 그대가 맛봤던 이것을 음미해 주시오.
> 그대 앞에 준비해 놓았으니, 이제는 직접 드시구려.
> 내가 필경사가 돼 내놓은 그 문제는
> 내 모든 관심을 그쪽으로 앗아가 버리기 때문이라오.[28]

단테움을 방문하는 자는 어쨌든 성지에 들어가야 하는 '순례자'다. 마치 순례자가 어느 정도 사전 지식과 수용적 태도, 의도적인 목적을 갖고 성지에 접근하는 것처럼.

신성한 법칙이 단테의 시퀀스에 드러나지 않는 것처럼 단테움의 정수精髓는 건축적 산책로에 드러나지 않는다.

---

28 Dante, *Paradise*, Canto X, pp. 22–27.

변위된 직사각형들이란 모티프가 산책로를 만들기는 하지만, 그 경로에서는 사각형의 이동을 인지할 수 없다. 테라니는 추상만으로도 적절하고 정당한 결과를 얻을 수 있음을 빠르게 상기시킨다.

> *조형적인 건축술적 표현과 건물 테마의 추상화 및 상징주의 사이의 연관관계 (그 결과의 적절성과 자발성에 의문을 제기할 수 있는 연관관계)는 두 가지 별개의 정신적 사실, 즉 건물과 시의 기원에서만 가능했다.*[29]

그러나 능동적 과정으로서의 추상은 단순한 패턴 만들기와 달리 구체적인 것—세속적 의미에서 현실적인 것—으로 시작하고, 개념적 종합으로 이어진다. 테라니에게 (르 코르뷔지에가 그랬듯이) 추상화하는 행위는, 원래 형태뿐만 아니라 어느 정도 최초의 형태-의미 연관관계를 전제로 하는 능동적 과정으로 옛 의미와 새로운 의미 간의 대화로 이어진다. 게슈탈트 심리학자 프레드릭 펄스가 주장했듯이 "의미는 전경의 형상과 배경 사이의 관계이다."[30] 테라니는 "선택한 테마-오브제와 조형적 유기체 간에는 … 종합적인 조형적 재창조에 필수 노동이 개입된다."[31]라는 르 코르뷔지에의 생각과 비슷하지만 동일하지 않은 방식으로 그 개념을 사용한다. 다시 말해 이것은 추상화하는 능동적 과정을 통해 드러난 크로체의 '구체적 직관'이다. 르 코르뷔지에의 경우, 재창조 과정은 가장 본질적인 미적 경험에 이르기 위해 수학과 기하학을 포함한다. "순수 형태는 가장 아름답다. 왜냐면

---

29 테라니, 「보고서」, 5절.
30 Frederick Perls, *Gestalt Theory Verbatim* (New York: Books That Matter, 1970), p. 12.
31 Le Corbusier and Amédée Ozenfant, "Purism," in *Esprit Nouveau* 4 (1920): p. 376.

그것들이 가장 쉽게 인지되기 때문이다."[32] 테라니가 볼 때, 경험은 형이상학적이다. 스티븐 피터슨이 보여줬던 것처럼,[33] 그것은 미스의 경험에 더 가깝다. 직사각형 그 자체는 단테의 텍스트에서 규모와 모양이 아주 다른 『신곡』의 찬송가들을 묘사하는 데 쓰였던 동일한 직사각형이 보여주듯, 가장 추상적인 상태를 나타낸다.

그렇지만 테라니가 건축 요소들을 건축술적 코드로 추상화해도 그 요소들이 지닌 원래 의미를 절대로 잃지 않는다. 『신곡』에서 한 개의 요소가 취하는 모양은 3행 연구聯句인 듯하다. 건물에서 한 요소의 모양은 원통형일 것이다. 원통형은 또한 원기둥圓柱일 수 있으며, 그것은 지지대로 기능할 뿐만 아니라 전통적인 쓰임새도 갖고 있다. 연속해 있는 원기둥은 (테라니의 표현으로는) '포티코'를 만들어내며, 더 나아가 요소의 문법을 더욱 정교하게 만든다. 이렇게 해서 두 개의 추상방식의 수렴, 즉 첫 번째 추상적인 형태—황금사각형—에서 생겨나는 것과 두 번째 전통적인 건축물에서 생겨나는 것의 수렴은 단테에게서 정당성을 찾는다.

이 두 방식의 수렴이 갖는 상징적 목적은 「보고서」와 계획안에 확실히 드러난다. 예를 들어 테라니는 건물의 가장 기본적인 테마 요소로 직사각형을 선택하는 것에 대해 생각했다. 원형은 "폐기됐는데, 원형이 감싸는 영역이 필요한 것에 비해 너무 소박했기 때문이지만, 콜로세움의 완벽하고도 당당한 타원과의 잠재적인 갈등이 직접적인 원인이었다."[34] 그는 이렇게 자신이 왜 원을 폐기했는지를 말하지만 그것을 선택할 수도 있었던 이유에

---

32 Le Corbusier, *Toward a New Architecture* (1927), Frederick Etchells, trans., repr. (New York: Praeger, 1970), p. 26.
33 Steven K. Peterson, "A Mies Understanding," *Inland Architect* (Spring 1977).
34 테라니, 「보고서」, 3절

대해선 말하지 않았다. 가장 명확한 이유는 중세적 사유에서 기인한다. 중세시대에 원은 신을 상징했고, 사각형은 인간을 상징했다. 단테는 「천국편」에서 신에 대한 자신의 비전을 이해하고 표현하기 위한 노력으로 원과 사각형을 대조했다.

> *기하학자처럼 그의 정신은*
> *사각형을 원에 적용하며*
> *그의 온갖 기지에도 불구하고*
> *올바른 길을 찾지 못한다.*
> *아무리 노력해도 말이다.*[35]

이 구절은 수학자들이 원으로부터 기하학적으로 사각형을 만들어내려 했던 중세의 실내게임을 언급하는 것인데, 이는 18세기에 유클리드 기하학에서는 불가능한 것으로 판명됐다. "원을 정사각형으로 만든다는 것"은 사람을 하느님의 축복과 의로움의 수준으로 끌어 올리는 것을 의미한다. 따라서 천국의 방에서 원은 단테의 「천국편」 칸토들을 이루는 모티프로 마련되고, 원통형 기둥들은 천사처럼 투명하게 돼 있다. 이 기둥의 투명성은 신의 진리를 설명한다. 그렇지만 건축요소로서의 원은, 특히 긴 원통으로 표현될 때 직사각형 보다 더 자연스럽고 구체적인 독해, 즉 원기둥이 되는데, 이는 구축술의 측면에서 더 중립적이다. 테라니가 볼 때, 직사각형은 그가 전용할 수도 있는 모든 "접목된 의미"를 전할 뿐 아니라 구성상 모든 정확성의 근원이며, 인간에게 가능한 최고 수준에 도달할 수 있게 한다.

테라니가 원과 사각형을, 마치 신이 내리준 것같이 수용하는 방식은 "맨 처음을 제외하고, 모든 운동은 원인이

---

35   Dante, *Paradise*, Canto XXXIII, pp. 133–135.

있다."[36]는 단테의 주장과 유사하다. 테라니는 황금사각형을 조작하는 일이 단테의 방식으로 단테움의 의미를 설명하기에는 여전히 불충분하다고 조심스럽게 말했다. 그렇다면 우리는 어디에서 추가적인 실마리를 찾을 수 있는가? 생각컨대 가장 논리적인 부분은 「칸 그란데 델라 스칼라에게 보내는 서한」인데, 단테는 이 글에서 테라니가 중세의 멘토에게서 차용한 것 같은 생각 하나를 표현했다.

> *이 작품의 의미는 하나만이 아니다. 작품은 오히려 여러 가지 의미를 지니고 있다고 생각할 수 있다. 즉 첫 번째 의미는 편지에 의해 전달되는 것이고, 그 다음은 편지가 의미하는 것이다. 전자는 문자 그대로의 의미라 한다면, 후자는 알레고리적이거나 신비적인 의미로 명명된다.[37]*

테라니에게 의미는 자신이 "본질에 대한 탐구"라 말했던 것에 요약돼 있는데, 중세 사유에 대한 불가사의한 여담으로 말하자면 자신의 여정을 단테의 여정과 연관시키고 있다. 이들 사상에 대한 테라니의 개념화를 논의할 필요가 있다.

그 개념들은 이른바 '4중의 주해', 즉 경전과 시 양쪽 모두에서 의미를 추적하는 일반적인 중세의 연구방식에서 유래한다. 4중 주해의 범주는 문자 그대로의 것, 알레고리적인 것, 도덕적인 것 그리고 영적인 것이다. (마지막은 간혹 신비적인 것으로 불리기도 한다.) 이 네 가지 범주가 맞물리는 방식—이것들의 내적 구조—은 단테와 테라니 모두에게 아주 중요한 것이었다. 간단히 말해서 "문자 그대로의 것이 행위를 가르치며, 알레고리는 믿어야 하는 바를, 도덕적인 것은 행해야 하는 바를, 그리고 영적 해석은

---

36 단테, 「서한」, 7절.
37 같은 책, 21절.

어떤 쪽으로 분투해야 하는지를 가르친다."[38]

단테는 「서한」에서 네 단계의 의미를 복잡하게 설명했다.

> 그리고 이 설명 방법을 더 잘 이해하기 위해 우리는 그것을(의미를) 다음 구절에 적용해도 될 것이다. "이스라엘(야곱의 별명-역주)이 애굽에서 나왔을 때, 야곱의 집은 이상한 언어를 사용했으며, 유다는 그의 성소聖所였고, 이스라엘은 그의 영지였다." 편지 하나만을 고려한다면, 우리에게 의미심장한 것은 모세 시대에 이스라엘의 자식들이 이집트를 막 떠나려 한다는 것이다. 알레고리라면 그리스도를 통한 우리의 구원을 의미하며, 도덕적인 것이라면 슬프고 비참한 죄로부터 신의 은총을 받아 영혼이 개조된다는 것을 의미하며, 영적인 것이라면 정화된 영혼이 이 세계 타락의 속박으로부터 영원한 영광의 자유로 넘어가는 것을 의미한다. 그리고 이들 신비주의적 의미들이 다양한 명칭으로 불릴지라도, 그것들이 문학적으로 혹은 역사적으로 다르기 때문에 일반적 의미에서 모두 알레고리적이라 할 수 있을 것이다. 왜냐하면 단어 '알레고리'는 그리스어 알레온alleon에서 유래한 것으로, 라틴어로는 알리에눔alienum,(낯선 것) 혹은 디베르숨diversum(다른 것)을 뜻하기 때문이다.[39]

단테는 범주의 의미뿐 아니라 그 범주의 구조, 심지어 분류까지도

---

38 Robert Hollander, trans., Thomas Aquinas, *Allegory in Dante's Commedia* (Princeton, NJ: Princeton University Press, 1969), p. 28.
39 단테, 「서한」, p. 199.

검토했다. 몇몇 텍스트에서 그 범주들을 두 개의 주요 범주로 나눴는데, 이 이중 체계에서 문자 그대로의 것은 도덕적인 것과 영적인 것을 포괄하는 알레고리적인 것과 구별했다. 이것이 「칸 그란데 델라 스칼라에게 보내는 서한」에 담았던 단테의 개요였다. 이에 반해 테라니는 주해의 독해를 세 부분으로 나눔으로써 간소화했는데, 이는 자신이 건물을 3분할로 나눴던 것을 따르려 했던 것으로 보인다. 그 동기야 무엇이든, 그는 문자 그대로의 것, 알레고리적인 것, 영적인 것을 대비시킨다.[40] 테라니에 의하면, 『신곡』의 문자 그대로의 의미는 일종의 건축적 산책로, 즉 성 바울의 여행과 다른 발견의 순례에 필적하는 '지하 여행'이다. 『신곡』의 알레고리적인 의미는 "죄 많은 인간의 [도덕적] 개과천선"[41]을 의인화한 단테이다. 테라니는 영적 해석의 의미를 제국의 장치로 정의한다.

> *영적 해석의 의미는 … 영원한 행복에 관한 … 로마에 그 중심을 둔 로마제국에 관한 비전이며, 이는 교회를 오염시키는 현세적인 권력으로부터 자유로운 … 교회의 세속적 번영과 [도덕적] 회복—로마에 그 중심을 둔, 영적 행복—을 위한 것이다.*[42]

단테의 영적 해석의 의미에 관한 테라니의 해석은 파시스트적 사유를 대변하는 것이고 심지어 체제에 영합하는 것으로 해석할 수 있다. 단테 식의 장중한 용어로 자신의 건물을 정당화할 기회를 잡음으로써, 테라니는 더 나아가 이미 재정립된

---

40 타이프 원고에서 단어의 철자가 analogico로 잘못 표기되어 있지만 개념에 대한 테라니의 설명과 이해는 단테의 것과 아주 가까워서 그가 영적인(anagogical) 뜻으로 말했다는 것은 의심의 여지가 없다. 이러한 실수는 타이핑 때문이거나 금세기에 영적이라는 단어를 자주 사용하지 않았기 때문이라 할 수 있다.
41 테라니, 「보고서」, 19절.
42 위와 같음.

로마제국이란 거의 불필요한 상징으로 이 작품의 '교훈적인' 특성을 설명했다. 그것은 단지 "단테의 예언 '지참금'"(p. 51 역주 참고)을 확인하는 것일 뿐이었다.

테라니는 건물과 관련해 주해의 의미에 관한 자신의 해석을 덧붙이지 않지만, 그럼에도 그의 텍스트는 그와 같은 해석이 논리적이라는 것을 암시한다. 그러므로 단테움의 다양한 의미 수준을 추측해 보는 것은 테라니의 사유 과정을 더 잘 파악하기 위해서라도 필요할 것이다.

단테의 두 텍스트에서 발견된 여러 주해방식의 융합은 테라니가 단테와 마찬가지로 "알레고리적인 의미와 문자 그대로의 의미를 구별하는 것"에 관심이 있음을 보여준다.[43] 건물의 (건축술적 현전이 아니라) 문자 그대로의 의미는 『신곡』 뿐만 아니라 단테 자신의 초상으로 해석할 수 있다. 테라니가 말했듯이, 그것은 앞마당이 있는 초기 작품에서의 단테라 할 수 있는데, 지옥으로 내려가기 전 단테의 삶을 나타낸다. 단테의 추종자(테라니-역주)에게 벽, 기둥, 바닥은 "죽음 이후 영혼의 순수하고 단순한 상태"[44]에 대한 단테의 말이다. 이것은 첫 번째 도식에서 베르길리우스 원기둥을 설명한다. 주기적으로 그 건물로 되돌아왔다면, 우리는 전문적인 프로그램에 인물들을 추가할 수 있었을 것이다. 단테에 대한 묘사를 이처럼 문자 그대로의 의미로 해석하는 것은 건축의, '규범적인' 문자 그대로의 의미로 간주될 수 있는 것, 특히 근대건축의 구조와 기능에 맞설 때, 당연히 문제가 된다. 주콜리에 따르면, 테라니는 실제로 건축을 구조와 기능으로 간주했다. "건축은 결코 특정 관계에 있는 요소들의 구성인 것만은 아니다. 그것은 주택이며, 학교이며, 공항 등등이다."[45] 그래서 테라니 입장에서 단테움은 보기 드문 프로젝트이다. 그는 「보고서」

---

43   Reynolds, 「서문」, p. 47.
44   단테, 「서한」, 8절.
45   루이지 주콜리, 「보고서」, *L'Architettura* 163 (May 1969) p. 16.

앞부분에 이를 밝힌다. "지금껏 근대건축은 우리가 어떤 시대에도 억압할 수 없다고 느끼는 영적 삶의 특정한 면들을 깊이 검토하지 않았다."[46]

테라니는 단테에 관한 참조물들을 건축적으로 역사적이고 정치적인 맥락에 배치하는 데 주의를 기울였다. 비록 이 건물의 구성이 "단테 식의 구성적 범주에 영적으로 묶여" 있었지만, 마찬가지로 "그 상징 의미는 … 효과적인 조형적 필요성을 모호하게 하지 않고, [그리고] 우리는 이미 용적상의 균형과 건축술적 조화의 문제를 해결할 필요가 있었다."[47] 단테와 마찬가지로, 문자 그대로의 의미는 시사적인 것이고 이 의미는 알레고리로 보강돼야 한다. 하지만 우리는 단테든 테라니든 문자 그대로의 의미를 단순히 더 높은 수준의 사고를 부적절하게 상징하는 것으로 해석해서는 안 된다. 알레고리가 어떻게 쓰이는지에 대한 질문은 여기서 흥미로울 것이다.

문자 그대로의 의미를 무력화하는 알레고리는, "지각 대상들은 오직 그것들이 말할 수 없는 것 … 즉 관념의 불충분한 기호로 우리를 인도할 때만 가치를 지닌다"[48]는 것을 전제하는 영지주의의 핵심이다. 많은 학자들은 단테가 이런 종류의 알레고리를 멀리 했다고 주장했다. (나는 테라니 역시 그랬음을 주장할 것이다.) '저것을 대신하는 이것'이라는 알레고리 대신, 단테는 '이러저러한' 알레고리를 제시해, 신비적 해석에 모든 강조점을 두기보다 알레고리적·도덕적 의미뿐만 아니라 문자 그대로의 의미에 더 큰 중요성을 부여했다.

테라니는 전례를 따른다. 그는 단테움에서 의미를 감각하는 것은 그에 상응하는 일련의 관계에 있다고 확신한다. "정신화된 것, 우주의 정신화되고, 감지할 수 없는 추상적 본질에

---

46   테라니, 「보고서」, b절.
47   같은 책, 10절.
48   Hollander, *Allegory*, p. 5.

대한 단서"[49]는 그 자체로 흥미롭고 중요한 대상이다.

단테움의 알레고리적 의미에 대한 관심 대상은 분명 제국에 헌정된 방이어야 한다. 테라니는 그 공간을 불가사의하고 불가해한 방식으로 설명한다.

> *근본적이고 영적 중요성을 지닌 이 방은 공간들의 경험을 마무리하는 것으로 건축적 완전체의 발생 기원을 나타낸다. … 주제가 언명하는 것은 명확하다. 보편적인 로마제국.*[50]

공간의 끝에는 독수리 이미지가 있다[그림 106]. 독수리는 나중에 덧붙인 것처럼 보이는데, 건물 대리석 표면에 투명하게 보이도록 그려넣었다. 하지만 이 이미지는 문자 'M'을 「천국편」 열여덟 번째 칸토에 나오는 독수리 이미지[그림 107]로 변형한 것을 직접적으로 나타낸다. 제국의 정의를 상징하는 독수리는 "세상을 통치하는 자는 정의를 집행해야 한다 Diligite Justian Qui Hudicatis Terram."는 문구의 마지막 문자를 변형한 것으로 나타나는데, 이 문구는 마침 서른다섯 개의 문자로 돼 있다. (단테가 지옥에 들어갔을 때의 나이와 테라니가 단테움을 설계했을 때의 나이, 그리고 5와 7이라는 수가 만들어 내는 것)[51] 교황의 지위가 갖는 세속적 권력을 파기하고 제국을 설립한다는 단테의 언급은 이 그려진 독수리가 가장 명시적으로 보여준다. 문자 M은 무솔리니를 위한 것이기도 한데, 그는 종종 하나의 커다란 'M'만으로 문서에 서명하곤 했다. 그의 이니셜이 단테움 법령의 초안에 보인다[그림 114 참조].

---

49 위와 같음.
50 테라니, 「보고서」, 12–13절.
51 W. Vernon, *Reading on the Paradise of Dante* (New York: Macmillan, 1900), pp. 32–61 참조. 테라니가 단테움을 설계했을 때가 35세였다는 것이 단테와의 동일시에 기여했다는 사실은 중요한 우연의 일치이다.

[그림 106]
단테움,
마지막 막다른 골목에,
제국의 방에 있는
독수리,
"지상을 다스리는
자는 정의를 집행해야
한다."

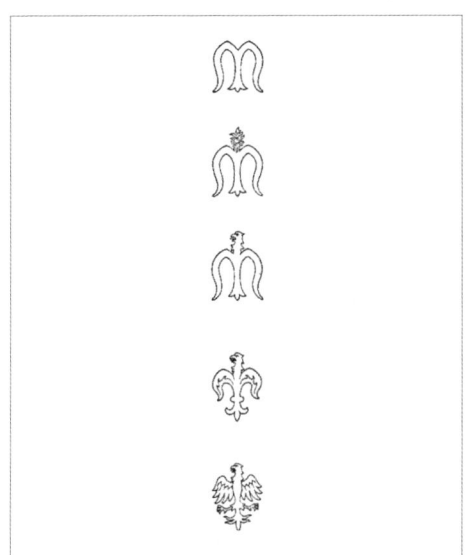

[그림 107]
문자 'M'을 독수리
이미지로 변형시킴.

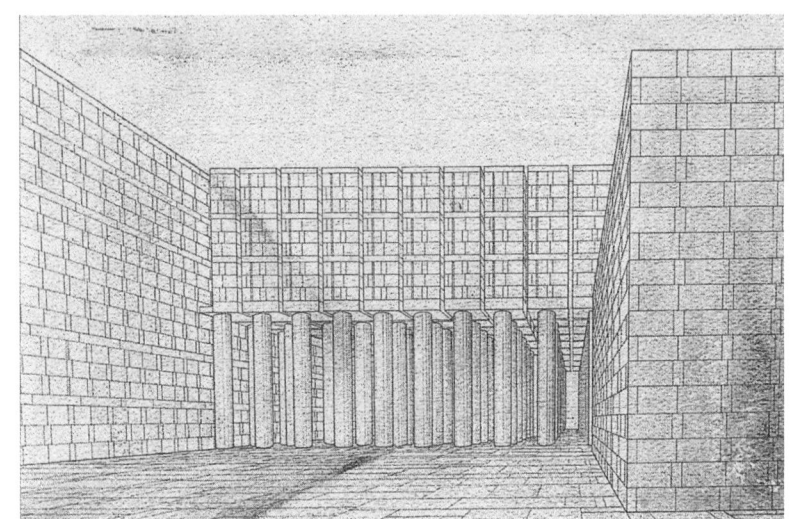

[그림 108]
단테움,
중정 상세

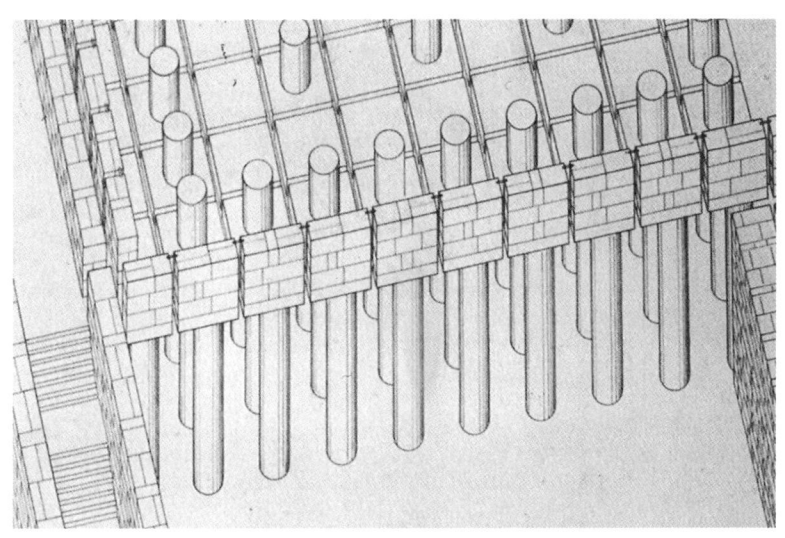

[그림 109]
단테움, 엑소노메트릭,
기둥 상세

원기둥은 단테움의 다른 어떤 요소보다 더 많은 은유를 내포한다
[그림 108/ 도판 6, 그림 109]. 그것은 포괄적인 건축술적 요소로,
구체적인 '부분들'로 이뤄진 (누구나 이해 가능한) 최소공통분모다.
원기둥은 원통형이며, 순수기하학이다. 단테움의 원기둥은
역사적 암시로서 단테가 당시 사건을 명확히 하기 위해 기독교와
이교도의 자료를 결합한 것을 테라니식으로 바꾼 것이다.

     단테움의 원기둥은 르 코르뷔지에의 필로티의 순수한
원통형인 동시에 엔타시스만 빠졌을 뿐 주두를 완비한 도리스
오더와 같은 비례를 지닌 고전적 원기둥이기도 하다. 그것들은
또한 완전함과 기하학적 형상의 최고의 형태를 상징하는 원圓이다.
원기둥이 열을 지을 때, 그것들이 지지하는 파열된 벽 모양의
페디먼트를 갖는 포티코가 된다. 원기둥들이 무리를 이루면,
그것들은 18세기 오두막에서 나타나는 이집트 형식의 부흥을
통해 잘 알려진 입문 의식과 정화의 길을 상징한다.[52] 지옥의
원기둥은 가엾은 영혼들을 위한 피난 우산이다. 천국의 유리
원기둥은 무한성(그래서 영원성)을 상징한다. 원기둥의 투명성은
천국에서의 투명성이라는 단테의 개념과 일치하는데, 말하자면
투명성을 통해 모든 신의 은총이 드러난다. 단테는 『향연』에서
"신의 탁월함은 분리된 실체에 의해, 즉 모든 조잡한 물질로부터
자유로운, 말하자면, 그 형태의 순수로 인해 투명하게 존재하는
천사들에 의해 한 가지 방식으로 수용된다."[53]고 썼다. 따라서
형태는 천국의 바닥, 벽, 천장을 해부하는 것과 같이 테라니가
수정처럼 맑은 특성을 통해 원기둥을 해부한 것과 같이, 형태의
해부에 의해 드러나며, 그 결과 공간을 물질적 구체성으로부터

---

52 Anthony Vidler, "The Architecture of the Lodges," *Oppositions* 5 (Summer 1976): pp. 75-97.참조.

53 Dante Alighieri, *Convivio*, Tractate III, vii, William Walpond Jackson, trans. (Oxford: Clarendon Press, 1909), pp. 18-57.

떼어내 추상화한다. 물질성으로부터 해방된 천국의 원주는 영혼이 신체로부터 자유로워졌을 때 성취하는 바를 건축적으로 성취한다. 영적 읽기, 그것은 아마도 『향연』의 영적 해석에 대한 단테의 해설을 통해 해명될 수 있을 것이다.

> 네 번째 의미는 소위 영적인 것으로, 오감 위에(저자 강조) 있다. 그리고 이것은 글이 영적으로 설명될 때 일어나며, 이런 일은 문자 그대로의 의미에서도 유사하게 뜻하는 것들이 영원한 영광에 속하는 더 높은 문제를 암시한다. 선지자의 노래에서 알 수 있듯이, 이스라엘 백성이 애굽에서 나왔을 때, 유대는 거룩하고 자유로워졌다. 그리고 편지에 따르면 이것이 사실이라는 것은 분명하지만, 영적으로 이해된다는 것은 그다지 사실이 아니다. 즉 영혼이 죄에서 해방된다면, 그 영혼은 자신의 주인으로서 거룩하고 자유로워질 것이다.[54]

'오감 위에 있는 것'은 지각 위에 있는 것이기도 하다. 기하학과 건축술적 형태의 세속 세계에서, 이것은 재료, 기능 및 배치(원기둥, 돌, 방)를 초월할 것을 요구한다. 단테움을 찾는 평범하고 세속적인 방문객에게는 이러한 경험이 불가능하다. 그리스도와 무솔리니를 믿는 진정한 신자에게는 그 경험이 가능하다. 어떤 경우에도 신에 대한 단테의 비전처럼 그 경험은 형언할 수 없는 것이다.

> 분투하였노라. 경이로움을 품고
> 이미지를 그 구체球體에 맞추는 방법을.

---

[54] 같은 책, pp. 73–74.

그래서 알고자 하였노라
어떻게 구체 안에서 편안한 지점을 유지할 수 있는지를.[55]

모든 불경한 물건이 떨어져 나가고, 우리는 인간과 자연의 모든 법칙을 거스르는 듯한 다른 세상과 마주하게 된다. 만약 제국의 방을 포함하고, 제국의 방에 맞는 디자인 의도가 단테움의 알레고리적 의미를 나타낸다면, 천국의 디자인은 분명 영적 의미를 나타내는 것이어야 한다. 이런 방식으로 그와 같은 건축적 의미를 말할 수 있다면 말이다.

따라서 테라니의 처리방식은 구성방식과 건물 양식 및 「보고서」에서 볼 수 있듯이 단테와 같이 광범위하다. 둘 다 특정 분위기를 갖고 있고, 함축적이며, 참조적이며, 편지를 활용하며, 형식과 내용 간의 연속체를 수용한다. 그러나 건물과 시 사이의 완벽한 일치라고 결론지을 수 있겠지만, 그 전에 테라니의 경고를 반복하지 않을 수 없다.

건축적 기념비와 문학작품은 이러한 결합 속에서 각 작품이 지닌 본질적인 특성을 잃지 않고 하나의 계획을 고수할 수 있다. 오직 둘 모두가 서로를 대면할 수 있도록 하는 구조와 조화로운 법칙을 가지고 있을 때에 한에서 말이다.[56]

테라니는 건물이 단테와 그의 시에 대한 것이긴 하지만, 그것이 단지 돌로 표현된 『신곡』인 것만은 아님을 확인시켜준다. 테라니의 경우 건축적 테마는 그것들이 고수하는 주제에서 자라나는 것이 아니라 원래 독립적이다. 프로그램 상의 기능이나 제도적인 상징 의도는 건축 형식을 만들어내지 못한다. 건물의 문자 그대로의

---

55 Dante, *Paradise*, Canto XXXIII, pp. 136–138.
56 테라니, 「보고서」, 5절.

의미는 문학작품의 문자 그대로의 스토리를 복제한 것만도 아니다. 테라니의 계획안은 상징적 의미에 대해서만 "텍스트 의존적"이다.[57] 하나의 건축 작품으로서 그것은 자율적이다.

테라니가 사망한 지 여섯 해가 지난 1949년에 르 코르뷔지에는 코모에서 열린 테라니 회고전의 개막식에 리본 절단을 위해 초대됐다. 그 전시를 둘러보며 딱 한 번 멈춰 섰는데, 단테움 패널 앞에서였다. 그는 위원회나 「보고서」 혹은 작업의 맥락에 대해 전혀 몰랐지만, 감동해서 이렇게 외쳤다. "이것이야말로 건축가의 작품입니다!"

57 "텍스트 의존적 건축"이라는 용어는 주디스 월린(Judith Wolin)이 건축과 문학이 관련된 다양한 맥락에서 활용했다. 저자와의 대화.

우리가 신화에 대해 반성하는 것이 아니라 진정으로 그 안에서 살고 있는 경우, 실제 지각의 현실과 신화적 공상 세계 사이에는 어떠한 틈도 존재하지 않을 것이다.

에른스트 카시러, 『상징형식의 철학』

제5장
단테움 보고서

이「보고서」는 내가 1970년대 중반에 번역해서 이 책의
초판으로 출판했던 원고에 최근 발견된 앞의 몇 페이지를 보강한
것이다.[1] 이전의 단락 번호는 그대로 유지했다. 여기 도입부는
단락 지정을 표시했다.[2] 자료에 입각해 단테움에 접근했던 것처럼
단테의 작품에 따라 테라니의「보고서」에 다가갈 수 있을 것이다.
그래서 나는 『신곡』, 『새로운 삶』, 『향연』, 『제정론』 그리고 「칸
그란데 델라 스칼라에게 보내는 서한」에서 발췌한「보고서」의
텍스트를 여기에 다시 실었다.[3]

a. 단테와 그의 불멸의 『신곡』을 기리기 위해 제국의 길에 건설될
기념비적 건물을 세우는 것은 커다란 난관과 무거운 책임감을
지닌 과업이었으며, 무솔리니 시대의 진보적 건축가이자
이탈리아인으로서 우리 활동은 커다란 도전에 직면했다. 위대한
영적 관심과 독특한 예술적 중요성을 지닌 이 아이디어는

---

1 Giorgio Ciucci and Silvio Pasquarelli, "Un documento inedito: La ragione teorica del Danteum(미공개 문서: 단테움의 이론적 근거)," *Casabella* (March 1986): pp. 40-41 참조.
2 Guido Francescato trans. ⓒ1992.
3 사용한 판본은 다음과 같다. "Epistle to Can Grande della Scala," repr. in Paget Toynbee, *Dantis Alagherii Epistolae* (Oxford: Clarendon Press, 1922); *The Divine Comedy*, trans. Charles Singleton, (Princeton, NJ: Princeton University Press, 1970); *Vita Nuova*, trans. Barbara Reynolds (Harmondsworth: Penguin Books, 1969); *Monarchy and Three Political Letters*, trans. D. Nicholl (New York: Garland Publishing, 1972).

이탈리아 예술의 두 후원자인 알레산드로 포스와 리노 발다메리의 탁월한 협력에서 비롯됐다. 인류가 내세울 수 있는 가장 중요한 영적 선언에 대한 놀라운 철학적·시적 구축물을 건축적 조화를 통해 표현하도록 그들이 우리에게 위임한 것은 엄청난 특권이었고, 그 점에 대해선 이탈리아의 천재 단테 알리기에리에 빚지고 있다.

b. 신성한 것이라 불리는 그의 작품을 기리며 한 위대한 인물을 찬미하는 것은 근대 건축 약사略史에서 아마 처음 있는 매우 중요한 프로그램일 것이다. 그것은 최대한의 표현을 최소한의 수사修辭로, 즉 최대의 감정을 최소한의 장식이나 상징적 형용사로 얻어야 한다는 것을 의미한다. 그것은 기본적인 수단으로 위대한 교향곡을 만드는 것이다. 필연적으로 비타협적 분석과정을 통해 근대건축은 정신적·예술적 존엄성을 우리 세기로 회복시키는 문제를 해결함으로써 과거의 오래된 학교와 아카데미가 장려했던 가치에 대변혁을 일으켰다. 그러나 지금까지 근대건축은 우리가 어떤 시대도 억압할 수 없다고 생각하는 정신적 삶의 특정한 면들을 면밀히 검토하지 않았다. 우리는 잠정적으로 기념비성, 상징주의, 엄숙함과 같은 면들을 참조한다.

c. 과거의 건축 테마들을 제한하고 종종 억압했던 사상의 유산에 대한 선험적 검토를 거부해야 하는지 혹은 형식주의와 관습주의 이면에 감춰진 본질을 정복하려고 노력해야 하는지 여부를 논의하는 것은 우리가 지닌 전문지식의 범주를 넘어서는 일일 것이다. 요컨대 선택할 수 있는 것은 회피하거나 탐구하는 것 중

하나다. 우리가 확실히 알고 있는 바는 발전시키라고 요청받은
테마를 분석할 때 몇 백 년이나 되는 건축을 이해하는 낡은
방식—대중을 위한 예술art for masses—을 나타내는 위험한
낱말들과 결합함으로써 발생되는 문제에 직면하기도 해야
한다는 것이다.

d. 따라서 이 난제를 풀 수 있는 것은 타협의 건축이 아니라
근대건축과 기념비성, 상징주의, 엄숙함 간의 개념적 투쟁을
이겨내고 통합하는 것이다. 우리는 최근 부상하는 건축의 순결한
순수성과 자연스러움의 '적들'을 눈으로 직접 봐야 했다. 이
새로운 건축은 잘 알려진 기능적인 특성을 제거하고 수사적인
것에 지나치게 근접한 테마라는 끔찍한 난관에 직면해 있다.

e. 우리는 위험과 애매성으로 가득한 기념비성, 상징주의 및
엄숙함으로 설정된 삼위일체를 증명하면서 새로운 건축을
시험하고자 한다.

f. 우리는 적대적이거나 적어도 불리한 환경, 즉 제국의 길이라는
당연하고도 건축적인 환경에서 싸우고 시험해볼 것이다.
황제들의 포럼, 바실리카 막센티우스, 콜로세움의 폐허들은
여전히 살아있고, 저 예술적 유산의 현재적 표현인데, 여기서
기념비성과 엄숙함은 돌이나 콘크리트와 같이 기본적인 건축
자재들이다.

g. 하지만 여기에 위대한 계시가 있다. 그것들이 건설됐을 때, 그것들이 필요한 유일한 이유이자 유일한 정당화(가장 명백했기 때문에)로 비쳤던, 우발적 명분은 사라졌고, 심각한 훼손으로 남은 것은 돌덩이들인데, 이 돌덩이에 기념비성이 거주하고, [기념비성은] 공간, 볼륨, 솔리드와 보이드, 재료와 색상을 엮어주는 수적 조화나 기하학적 조화의 근본법칙을 통해 변형된다.

h. 우리는 엄청난 과거 유산의 관중이자 신봉자로서 세계적인 로마제국의 이 위대한 건축단지의 몇몇 파편을 숙고해 품었던 감정과 직관을 통합할 수 있는 기회를 부여받은 특수한 상황을 당연히 자랑스럽게 생각한다. 우리는 '신성모독'이라 소리치며, [이들 기념비를] 복원하거나 재건함으로써 유용한 일을 할 수 있다고 생각하는 사람들을 신성모독자로 불태울 것이다. 이처럼 관중으로서 자연스러운 위치에서 로마제국의 위대한 이상을 건설, 파괴, 재구축했던 수많은 세대가 역할을 맡았던 이 드라마에 훨씬 더 불편한 배우 중 하나가 되는 것이 우리가 떠안은 어려운 과업이었다. 우리는 파시스트의 이상과 예술에 대한 우리의 신념에 복무하는 것이 우리가 일하는 위대한 역사적 시기의 영적 삶을 생생하게 표현하는 것이라는 확신을 갖고 이를 받아들였다. 우리가 수행하고자 했던 까다로운 과업은 로마제국의 영원성이라 할 수도 있을 초자연적 감독의 지배를 받는다. 특히 [최근] '팔라초 리토리오 설계경기' 동안 진행했던 연구로 인해 우리가 잘 알고 있는 이 부지는 건축가가 상상할 수 있는 가장 연상적이면서도 가장 떠들썩한 곳이다. 그것은 구체적이면서도 문서화돼 있는 8세기에 걸친 건축의 실험 영역이다.

i. 두 개의 원기둥이 있는 영광스런 건물들은 콜로세움으로 수렴된다. …⁴

4 최근 발견된 텍스트의 마지막 부분. 이전에 번역 및 출판된 텍스트는 여기에서 시작된다. Thomas L. Schumacher trans. ⓒ1976.

1. … 트라야누스, 아우구스투스, 네르바, 베스파시아누스 황제들의 포럼은 북서쪽과 남동쪽 방향으로 열 지어 있다. 제국의 길은 주로 가로의 두 번째 면(남서쪽)으로 놓여있는 두 그룹의 건물들로 결정된 공간에 삽입돼 있다. 제국의 길 측면에 있는 폐허들은 가로 쪽으로 미세한 각을 이루면서 배치돼 있고, 콜로세움을 향해 약간 기울어져 있다.

2. 단테움 건설을 위해 정부의 기술청이 설정한 구역은 비기하학적 형태로 가장자리가 불규칙한 다각형을 형성한다. 우리의 첫 번째 과제는 기하학적으로 균형 잡힌 평면 형태를 그처럼 제멋대로 생긴 모양에 끼워 넣을 가능성을 알아보는 것이었다.

3. 원형圓形은 폐기됐는데, 원형이 감싸는 영역이 필요한 것에 비해 지나치게 단정하기도 하고, 콜로세움의 완벽하고도 인상적인 타원과 직접적이면서도 잠재적으로 갈등을 일으킬 소지가 있기 때문이었다. 그 두 가지 차원의 적절한 관계를 통해 '절대적인' 기하학적 아름다움의 가치를 기념비의 구조 전체에 각인시킬 수 있을 특별한 형태를 만들기 위해 직사각형으로 관심을 돌릴 필요가 있었다. 이것이 위대한 역사시대의 모범적인 건축의 경향이다.

4. 한편 설계자로서 초기부터 기념비의 기하학적 구도에 접목하는 문제, 의미, 신화 및 영적 종합으로서 흔히 사용되는 상징에 사로잡히는 것을 피할 수 없었다. 그리고 단테 작품의 경우, 이것들은 분명 수와 관련된 의미이다.

저는 이제 해설자의 입장에서, 각하의 승인을 위해 올린 작품의
소개글로 몇 자 적고자 합니다.

「칸 그란데 델라 스칼라에게 보내는 서한」, 네 번째 절

모든 사물은 저마다의 질서를 지니고 있으며, 이것이 우주가 신을
닮도록 하는 형식이다. 이 사실에서 높은 피조물들은 영원한 가치의
각인을 보며, 이것은 창조주이며 앞서 말한 사물의 질서가 만들어진
이유이다.

「천국편」, I, 103-108

5. 조형적인 건축술적 표현과 건물 테마의 추상화와 상징 간의 (결과의 적절성과 자연스러움에 의문을 제기할 수도 있는) 연관성은 이 두 가지 별개의 정신적인 사실, 즉 건물과 시의 기원에서만 가능한 것이었다. 건축 기념비와 문학 작품은 이러한 조합에서 각 작품의 본질적 속성을 잃지 않고 독특한 체계를 고수할 수 있는데, 이는 오직 하나의 구조와 하나의 조화로운 규칙을 가져야만 그 속성들은 서로를 대면할 수 있으며, 그렇게 해서 병렬적이든 종속적이든 기하학적이거나 수학적 관계로 읽힐 수 있기 때문이다. 우리의 경우 건축은 오직 『신곡』의 경탄할 만한 구조에 대한 조사를 통해서만 문학작품을 고수할 수 있었으며, 그 자체가 특정한 상징수인 1, 3, 7, 10 및 그 숫자들의 조합을 통해 분할 및 해석하는 기준을 지켰고, 이로써 만족스럽게 하나와 셋(통일성과 삼위일체)으로 종합될 수 있다.

6. 이제 삼위일체의 조화 법칙을 명확하게 표현하는 직사각형은 하나뿐이고, 이것은 역사적으로 '황금률'이라 알려진 직사각형이다. 즉 그 변들이 황금비율인 직사각형(짧은 변의 긴 변에 대한 비율은 긴 변이 짧은 두 변의 합에 대한 비율과 같다.)이다. 하나는 직사각형이고 셋은 황금비율을 결정하는 조각들이다. 또 이러한 직사각형은 짧은 변과 똑같은 변을 가진 정사각형 및 짧은 변과 처음 직사각형의 변들 간의 길이 차이에 대해 각각 똑같은 변들을 가진 또 다른 황금비율 직사각형으로 분해될 수 있다. 차례로 더 작은 크기의 황금비율 직사각형은 또 하나의 정사각형과 황금비율 직사각형으로 분해될 수 있으며, 따라서 그와 같은 분해는 사실상 무한하기 때문에 이러한 분해를 통해

각기 다른 덕목은 형상 원리의 결과일 따름이므로, 그대의 추정에 따른다면, 오직 하나 이외의 다른 것들은 파괴될 것이오.

「천국편」, II, 70-72

오늘날 존재하는 것들 중 일부는 그 자체로 절대적 존재를 갖는 것이 있습니다. 반면 어떤 것들은 뭔가 다른 것에 의존해 있는 것들이 있는데, 특정 관계로 인해 동시에 존재하거나 아버지와 아들, 주인과 노예, 두 배와 절반, 전체와 부분처럼 상관관계에 있고, 그것들이 관련돼 있는 한 다른 유사한 것들과 마찬가지로 다른 것에 연관돼 있는 것이 있습니다.

「칸 그란데 델라 스칼라에게 보내는 서한」, 제5절

어리석은 자는 삼자三者 속 하나의 본성(삼위일체-역주)이 장악한 무한한 길을 우리의 이성이 따라갈 수 있을 것이라 희망한다.

「연옥편」, III, 34-36

숫자 3은 9의 근원인데, 왜냐면 어떤 다른 것과도 무관하게, 그 자체만으로 증식해 숫자 9를 만들기 때문이다. … 만일 3이 9의 유일한 인자라면 그리고 기적의 유일한 인자가 3이라면, 그것은 성부, 성자, 성령이며 이들은 셋이자 하나이다.

『새로운 삶』, XXIX, 20-29

무한 개념이 드러난다.

7. 황금분할 직사각형은 고대 아시리아인, 이집트인, 그리스인, 로마인이 자주 채택한 평면 형식들 중 하나다. 이들 민족은 황금사각형이 사용된 직사각형 평면 사원의 전형적 사례를 남겼는데, 대부분은 수와 관련된 관계로 구성된다. 가장 분명한 예는 제국의 길에 있는 막센티우스 바실리카의 형식에 나타나는데, 그 평면이 황금사각형이다.

8. 이렇게 단테움에 채택된 평면은 막센티우스 바실리카의 것과 유사한 직사각형이며 치수는 이 걸출한 로마 구조물에서 직접 따왔다. 단테움의 긴 쪽 변은 바실리카의 짧은 쪽 변과 같으며, 짧은 쪽 변은 바실리카의 두 변의 길이 차이와 같다. 이런 방식으로 건물의 형태, 치수 및 방향이 결정되면, 이제 황금사각형이 부여하는 조화법칙을 준수하는 방식으로 진행할 필요가 있다. 이 작업의 기본요소를 구성하는 데 특히 중요한 것은 숫자 1과 3이 설정하는 규칙과 관계다. 이를 테면 1, 3, 7 및 1, 3, 7, 10과 같이 『신곡』에서 발견되는 수의 법칙이다. 두 개의 규칙, 즉 하나는 기하학적인 것, 다른 하나는 수와 관련된 것을 중첩시킨다는 것은 치수, 공간, 높이 및 두께를 결정하는 데 있어서 균형과 논리를 성취하는 것으로, 이는 단테 식의 구성적 기준에 정신적으로 연결돼 있는 절대가치의 조형[인공]물을 세우기 위해서다. 이것은 또한 더 높은 가치를 얻는 동시에 수사修辭주의, 상징주의 또는 관습에 빠질 임박한 위험을 피하도록 해준다. 예를 들어 단테의 「지옥편」이 중간 참, 급격한 변화, 다리, 강 등이 있는 사탄의 꼭짓점頂點에서 끝나는 깔때기 형상을 한 크기가 줄어드는 일련의

그리고 만약 그 등성이의 벼랑이 다른 쪽의 벼랑보다 짧지 않았던들,
나는 그에 대해 알지 못하지만, 나는 분명 올라가지 못했을 것이다.
하지만 말레볼제는 가장 밑바닥에 있는 생의 어귀 쪽으로 기울어져
있었으므로 각 골짜기의 부지는 한쪽 면이 높고 다른 쪽 면은 낮은
형국이다.

「지옥편」, XXIV, 34-42

링에 의해 조형적으로 묘사됐다면, 틀림없이 흥미로운 효과를 만들어낼 수 없을 텐데, 왜냐면 이는 그 표현이 단테의 묘사를 지나치게 문자 그대로 해석한 것이기 때문이다.

9. 따라서 조형적인 것은 그 자체가 절대 기하미의 표현임을 의미해야 한다. 시의 첫 번째 칸토를 정신적으로 참조하고 직접적으로 인용한다는 사실이 방문객에게 영향을 끼치고 자신이 죽을 수밖에 없는 존재라는 것을 물리적으로 중압감을 주는 분위기를 통해 명료한 기호로 표현해야 하며, 그로써 방문객은 단테가 그랬듯 그 '여행'을 경험하고 감동받는다. 방문객은 이 같은 모험을 생각하고 단테가 자신의 슬픈 순례 동안 도처에서 만났던 죄인들의 고통을 생각함으로써 감동받아야 한다. 그러한 마음 상태는 말과 시적 상상력의 도움, 또는 건축의 비례와 볼륨이라는 조형적 수단과 결부시키기엔 다소 어렵다. 게다가 필요한 것과는 너무 동떨어진 결과를 얻을 수 있다는 우려로 인해 그 어려움은 더욱 커진다. 따라서 우리는 웅장한 설명으로 이루어진 텍스트를 문자 그대로 따르려는 선입견에서 해방된 마음으로 문제를 재검토했다. 대신 우리는 건축가로서 우리의 감수성과 준비에 더 밀접한 문제에 주의를 기울였다. 즉 그 문제는 벽, 경사로, 계단, 천장의 균형 잡힌 비례와 하늘의 태양으로부터 쏟아지는 시시각각 변하는 빛의 운용을 통해, 그 내부공간을 가로지르는 사람에게 사색의 고독을, 그러니까 종종 삶의 소음들과 이동과 교통으로 인해 열병에 걸린 것 같은 근심이 침투하는 바깥 세상으로부터 떨어져 나와 있다는 감각을 부여하는 건축적 유기체를 상상하고 돌로 변환하는 일이다.

아, 숲이 얼마나 거칠고, 험난하며, 가혹했는지 입에 담는 것조차
어려울 지경이다. 그것을 다시 생각만 해도 몸서리쳐진다. 그
쓰라림은 진정 죽을 것만 같은 것이다. 하지만 그 안에서 내가
발견했던 선함을 다루기 위해, 나는 거기에서 보았던 다른 일들을
이야기할까 한다.

「지옥편」, I, 4-9

내가 입을 열었다. "나를 인도하는 시인이여, 당신이 저를 믿고
깊은 곳으로 인도하기에 앞서, 제 힘이 견뎌낼 수 있을지를 가늠해
주십시오."

「지옥편」, II, 10-12

아, 신의 정의여! 제가 보았던 것처럼 이토록 많은 전대미문의
고역과 벌을 누가 모은단 말입니까? 왜 인간의 죄는 이토록 인간을
파멸시키는 것입니까? 카리브디스를 넘실대며, 파도와 파도가 만나
부서지는 파도가 그러하듯, 여기 사람들도 원을 그리며 춤을 추면서
부서지리라.

「지옥편」, VII, 19-24

실체를 이루는 모든 형상은 물질과 분리돼 있으면서도 물질과 결합돼
있어 그 자체 내에 특수한 덕을 간직하는데, 그 덕은 작용을 통해서만

[그림 110]
단테움, 모형. 입구
중정과 현관 상세
'파시즘의 대리석 집'

10. 세 개의 직사각형 공간은 막센티우스 바실리카의 황금사각형과의 관계에서 취하고 그것에서 유래한 직사각형 테마를 분명한 방식으로 보여준다. 건물을 결속시키는 벽들로 규정된 네 번째 공간이 남아있으며, 그것은 시의 철학적 구조를 이루는 세 개의 핵심공간이라는 구도에서 제외되기 때문에 건축 유기체에서도 배제되며, 그로써 닫힌 중정을 결정하는데, 이는 전형적인 라틴 주택, 하늘이 열려 있는 아트리움, 에트루리아 주택의 닫힌 정원과 비슷하다[그림 110]. 이러한 상징은 건물의 경제라는 관점에서 "의도적으로 낭비된" 이 공간에 의미를 더할 수 있고, 따라서 우리는 서른다섯 살까지의 단테의 삶, 즉 잘못과 죄를 저지르고 그 때문에 도덕적이고 철학적인 균형을 잃어버렸던 삶을 언급할 수 있으며, 이때 시인의 삶은 부패하고 죄 많은 인류의 개심과 구원의 본보기로 채택한 것이다. 여기서 주목해야 할 중요한 점은 상징의 의미나 읽기가 효율적인 조형적 필요성과 구성의 조화를

인식되고 그 효과에 의해서만 드러난다. 마치 식물의 생명을 푸른
잎으로 알게 되듯이.

「연옥편」, XVIII, 49-54

나의 아들아, 자연적인 것이거나 의식적인 것이거나 사랑 없이는
조물주도 피조물도 없었느니라. 너도 이를 잘 알 것이다. 자연적인
사랑은 늘 그릇됨이 없으나 의식적인 사랑은, 목적이 불순하거나
혹은 힘이 지나치거나 모자라서, 그릇됨이 있을 수 있느니라.

「연옥편」, XVII, 91-96

나는 더위와 추위도 아랑곳 않고 세월을 흘려보냈다. 묵상에
만족하면서.

「천국편」, XXI, 116-117

인생의 여정 중간에 나는 어두운 숲에서 길을 잃었다는 것을
깨달았다. 올바른 길을 잃어버렸던 것이다.

「지옥편」, I, 3

나를 거쳐서야 그대는 비통의 도시로 들어갈지라. 나를 거쳐서야
그대는 영원한 비탄으로 들어갈지라.

「지옥편」, III, 1-2

모호하게 할 만큼 중요하지 않다는 점이다. 이러한 필요성을 피하면 건축술적 구조에 구멍이 날 것이다. 따라서 우리는 평형과 건축술적 조화의 문제를 해결하는 것을 넘어서는 조건에 대한 유사체나 참조물의 가치를 지닌 건물에서 발견되는 모든 연결고리에 대해서도 똑같이 말할 수 있다. 실제로 여기에는 한 변이 20미터인 정사각형에 백 개의 대리석 기둥으로 이뤄진 '숲'이 있는데, 각각의 기둥은 중정의 수평면에서 8미터 높이에 있는 위쪽 바닥 요소를 지지한다. 엄청난 조형적 효과를 지닌 이 건축술적 모티프는 무엇보다 단테움의 방들로 진입하는 출입 현관이다. 단테 식 숲의 이미지는 중정의 연속적인 개방 공간(지하여행 전 단테의 삶)과 『신곡』의 세 개 찬송가에 헌정된 방들의 서곡과 같은 공간을 방문객이 반드시 가로지르는 필요성에 의해 제안될 수 있다. 이때 건물의 입구는 파사드와 평행한 뒤쪽에, 그리고 정면과 평행한 또 다른 긴 벽으로 재조정된 두 개의 높은 대리석 벽 사이에 있는데, 이는 또 다른 단테 식의 정당화—"내가 어떻게 들어왔는지 모른다오 non so ben ome v'entrai"(칸토 I, 10)—에 부합한다. 이것은 순례의 성격을 확실하게 확립하는데, 방문객들은 단 하나의 열로 행렬을 이뤄야만 하고, 중정의 정사각형 공간에 비치는 강렬한 태양빛에 의해서만 인도된다.

11. 건물의 생성 평면과 일치하는 황금사각형으로부터 가장 쉽게 인지되는 작품의 특징인 짧은 면에서 구축된 정사각형과 같은 기본선이 개발된다. 정사각형은 1.6미터 높이의 평면에, 1층에 있는 연구실로 접근하는 도중에 드러난다. 똑같은 구도가 반대편에서 만들어지며, 그쪽의 정면 벽을 황금사각형의 주 벽면 앞쪽으로 나란히 옮겨놓음으로써 또 다른 순수한 사각형을 만들어낸다. 벽들의 이러한 위치 이동은 또한 진입 통로를

*그의 앞에는 언제나 많은 영혼들이 있다. 그들은 한 사람 한 사람
차례가 돼 심판을 받으러 간다.*

「지옥편」, V, 13-14

세 개의 단 위로, 내 선한 영혼을 데리고 안내자는 나를 이끌었다.

「연옥편」, IX, 106-107

마찬가지로 부분의 형태는 전체 작품의 형태에 의해 결정됩니다.
왜냐하면 전체로서의 보고서 형식이 삼중이라면, 이 부분에서는
이중으로만 돼 있을 뿐인데, 이 분할은 찬송가와 칸토들로 이뤄져

만들어낸다. 따라서 일곱 개의 층계참으로 이루어진 긴 계단은 생성평면을 이루는 황금사각형과 기준평면에 적합한 건물 본체의 정사각형 사이의 차이로 인해 발생한다. 그런 다음 결과적으로 건물 방들의 가장 중요한 분할선들—황금사각형의 분해로부터 평면의 작용을 이끌어내는 선들—에 적합한 수학적이고 기하학적인 대응물을 차례로 추적할 수 있다. 하나(열린 중정)와 셋(세 편의 찬송가—「지옥편」, 「연옥편」, 「천국편」—에 헌정된 거대한 신전 같은 방들)으로의 분할을 결정하는 십자 모양의 기능적 평면구도에 수직 수치의 구도가 겹쳐진다.(세 개의 방은 세 가지 높이에 위치하는데, 각각 2.7미터, 5.4미터, 8.1미터의 높이에 있고, 이들은 모두 3의 배수들이다.)

12. 이 두 가지 기본구도는 '긴 방향의 축'에 의해 형성된 세 번째 구도와 교차하는 데, 이 축은 건물 꼭대기에서 단테의 제국 개념에 헌정된 방을 규정하는 세 개의 (속이 꽉 찬 것과 구멍 난 것이 엇갈려 있는) 벽으로 구성돼 있다. 본질적인 영적 중요성을 갖는 이 제국의 방은 건축의 배아胚芽를 나타내는 동시에 지옥에서 연옥, 천국에 이르는 공간들을 가로지르는 경험의 종점에 있다. 따라서 이 방은 부차적 공간들을 지배하고 빛을 부여하는 신전의 중앙 본당으로 해석될 수 있다. 주제에 대한 언급은 명백하다.

13. 보편적 로마제국은 단테가 무질서와 부패로부터 인류와 교회를 구원하기 위한 궁극적 목적이자 유일한 구제수단으로 구상하고 예견했던 것이다. 암시, 참조, 인용은 대개 『신곡』에서, 그리고 「지옥편」, 「연옥편」, 「천국편」 사이의 전환부에서 종종 찾아볼 수 있다. 제국에 관한 이러한 비전과 예언에 전념한

있기 때문입니다.

「칸 그란데 델라 스칼라에게 보내는 서한」, 제12절

그리고 그 형태는 이중적인데, 보고서의 형식과 처리방식의
형식입니다. 보고서의 형식은 삼중적이며 삼중 분할에 따른
것입니다. 그에 따라 첫 번째 분할은 전체 작업이 세 개의 찬송가로
나누어지고, 두 번째 분할, 각각의 찬송가가 칸토들로 나누어지며, 세
번째 분할은 각각의 칸토들이 운문을 단 시구로 나누어집니다.

「칸 그란데 델라 스칼라에게 보내는 서한」, 제9절

만물을 주관하는 그 분의 영광은 온누리를 꿰뚫어서. 어떤 것에는
강하게 어떤 것에는 약하게 빛난다. 나는 그 빛을 가장 많이 받는
천상에 있었고 거기에서 내려온 사물들을 보았지만, 나는 그것과
연관지을 지식도 역량도 없었는데, 왜냐하면 그러한 소망에
가까워질수록 우리의 지성은 너무 깊이 들어가버려 기억은 그 자국을
따라가지 못하기 때문이다.

「천국편」, I, 1-3

그리고 나와 더불어 영원히 로마의 시민이 돼야 합니다. 그리스도가
로마인으로 계시는 저 로마에서 말이에요. 그러니까 지금은 어렵게
살아가는 세상에 도움이 되도록, 저 마차에 당신의 눈을 고정시켜
당신이 본 것을, 괜찮다면 당신이 저쪽에 돌아갔을 때 그것을
기록으로 남겨주세요.

「연옥편」, XXXII, 100-105

부분들은 『신곡』의 도처에 점차 더 빈번하게 나타나므로,[5] 그 시를 칭송하는 공간 곳곳에서 진전시켜 갈 것이다. 여기서 단테움의 건축술적 구조 안에서 어떤 요소가 제국에 헌정된 방에 대한 엄밀한 비유인지 기억할 필요가 있는데, 그것은 정면에 평행하게 배치돼 있고 제국의 길에 면해 부조浮彫들로 이루어진 긴 프리즈를 나타내는 기념비적 벽이다. 따라서 이 벽은 그리스 반도와 에게해 제도에 잘 보존돼 있는 펠라스기 성벽과 유사하다. 건물을 뒤로 감추는 이 벽은 입구로 이어지는 약간 경사진 내부 도로를 만들고 베네치아 광장에서 접근하는 방문객이 시각적으로 자유롭게 콜로세움을 조망하도록 한다. 하지만 무엇보다 이 벽은 막센티우스 바실리카에 면해 있는 성격을 띠면서 단테가 『제정론』과 『향연』에서 격렬한 논조로 상세히 설명하고 나중엔 『신곡』의 경이로운 3행 연구聯句에서

[그림 111] 단테움, 정면도

5   이 문구는 1976년의 원본 번역에서 변경됐다. "시(『신곡』) 전체에 걸쳐 제국의 발전에 대한 이러한 비전과 예언에 전념한 부분은…" 이 부분은 Richard Etlin 의 번역을 빌려왔다. Etlin, Modernism in Italian Architecture, 1890-1940 (Cambridge, MA: MIT Press, 1991), p. 549. 참조.

그러기에 나는 티베르 강물이 바닷물과 합쳐지는 해변을 향해
있었는데, 그분께서 친절하게도 나를 합류시켜 주었다네. 저 강
하구를 향해 그분이 이제 막 자신의 날개를 펼친 것은 그곳이
아케론에 빠지지 않는 영혼들이 항상 모여 있는 곳이기 때문이라네.

「연옥편」, II, 100-105

지옥 속 말레볼제라 불리는 곳에는 모든 돌이 무쇠 빛깔로 이루어져
있고, 그곳을 에워싸는 벽도 마찬가지다.

「지옥편」, XVIII, 1-3

우리가 아직 발을 옮겨놓지 않고 있을 때 우리를 에워싸고 있는 띠가
(그것은 수직적이어서 올라갈 수 있는 방법은 적어보였다.) 순수한
하얀 대리석으로 이루어져 있고, 폴리클레이토스(그리스의 조각가
-역주)는 물론이고 자연조차도 무색해질 만한 조각들로 장식돼
있음을 알았다.

「연옥편」, X, 28-33

저주받을 지어다. 늙은 늑대여. 너는 한량없는 배고픔으로 인해 그
어느 짐승보다 더 많은 먹이를 먹고 있구나! 오, 하늘이여, 하늘의
운행에 따라 여기 아래의 조건들이 변화한다고 사람들은 보는
듯한데, 이것을 몰아낼 자는 언제 나타날 것인가?

「연옥편」, XX, 10-15

칭송해 마지 않았던 로마제국의 보편성이라는 교훈을 표현하고 설명한다. 이렇게 해서 벽은 어마어마한 흑판, 즉 (『신곡』의 칸토 수와 동일한) 백 개의 대리석 블록으로 채워진 기념비적 평판^{不板}이 되는데, 블록들 각각의 크기는 칸토의 구성에서 차지하는 위치에 비례한다[그림 111]. 그 때문에 그것들은 각기 다른 크기를 갖는데, 이것이 호메로스의 그리스 이야기에서 발견되는 자유로운 구성을 설명해준다. 로마 제국에 관련한 암시, 참조, 알레고리를 담고 있는 3행 연구나 운문들은 블록 내의 파사드에 새겨질 예정인데, 그 안의 블록들은 각각이 파생돼 나온 칸토와 일치한다. 베네치아 광장 쪽의 시퀀스의 첫 부분에 있는 하나로 된 거대한 블록 덩어리는 *그레이하운드*이다.

14. 이렇게 해서 단테에게 헌정될 기념비로 제국의 길 지역을 선택하는 섭리적 우연이 위대한 영적 반응과 매우 *확실한* 예측을 만들 수밖에 없었음을 기록해 둘 것이다.

15. 지옥의 도덕체계는 칸토 XI(지옥의 구조)에서 베르길리우스가 단테에게 준 교훈의 핵심 대사로 추적할 수 있다. 그러나 이것은 아리스토텔레스의 개념이다. 즉 단테에게는 이교도의 이성 개념이다. 이 도덕적 지형학은 당시 가장 기본적이면서도 신학적인 덕목에 의해 유지돼야 하는 시점까지 유효하다. 그런 다음 그것은, 3대 신덕 및 4대 기본 미덕과 대조되는, 사형에 처할 만한 악 및 나쁜 기질이 여기서는 지옥과 연옥이라는 도덕적 구조―그래서 그것들은 『신곡』의 '건축'에서는 언뜻 비치기만 한 것인지도 모른다―의 진짜 중요한 해체로 간주된다는 말이 된다. 그리고 베르길리우스의 연옥의 조직(칸토 XVII)에 대한

암컷이 교미하는 짐승들의 수가 많으니, 아직은 더 많이 있을 것이다.
사냥개가 나타나 저 암컷을 고통스럽게 죽일 때까지는.

「지옥편」, I, 100-103

그가 내게 말했다. "철학은 그것을 이해하는 사람에게 한 번만이
아니라 (수차례) 어떻게 자연이 신의 지혜에서, 그리고 신의 지혜가
(부리는) 재주art에서 자신의 길을 택하는지를 가르쳐준다. 그리고
만약 그대가 물리학을 주의해서 잘 보게 된다면 몇 페이지를 읽지
않고도 그대의 재주가, 할 수만 있다면 마치 학생이 자신의 스승을
따르듯, 자연을 따른다는 것을 알게 될 것이다. 그로써 그대의 재주는
신의 손자와 비슷하다고 할 수 있다.

「지옥편」, XI, 97-104

"나의 아들아, 이 바위 골짜기에는" 그가 말을 시작했다. "하나씩

교훈 중 두 번째는 「연옥편」의 칸토 XI에서 이미 서술된 결함을 더 정확하게 분류한다. 두 개의 칸토 XI과 XVII은 다 같이 연옥의 일곱 프레임과 지옥의 아홉 고리 사이에 정확한 반응을 형성한다. 이것은 역설적 확언이 아닌데, 지옥에서는 일곱 가지 죄가 유발한 잘못으로 인해 벌을 처벌 받고, 연옥에서는 오직 도덕적 오점 때문에 벌을 받기 때문이다. 단테는 애초에 더 세분화된 분화(9 대 7)를 고려하기 위해 그 분류를 확장시켜 좀 더 분석적인 분류법을 따랐을 것이라는 게 논리적이다. 이들 전제는 단테움의 드로잉에서 그 방들이 표현된 대로, 지옥과 연옥을 이루는 두 방의 구성을 철저하게 설명하기 위해 필요하다. 우리는 이미 각 방의 평면이 어떻게 전체 구성을 결정하는 더 큰 황금사각형의 총 면적의 사분의 일에 해당하는 황금분할 직사각형과 일치하는지를 보았다.

16. 그러므로 통일과 삼위일체의 규칙은 직사각형 자체에 내포돼 있는데, 이는 시의 '대칭' 분할로 엄격히 준수되기 때문이며 각각 서른 세 개의 칸토로 이루어진 세 개의 찬송가에 도입 칸토가 더해졌다. 그 결과인 백 개의 칸토는 완전성($3 \times 3 + 1$)의 상징인 10의 제곱과 동일하다. 3행 연구의 기초가 되는 동일한 리듬이 건물의 대리석 층쌓기를 다시 나누는 데 일종의 유비로 채택된다. 같은 높이를 가진 세 개의 대리석 층, 세 개 방의 각각의 레벨과 일치하도록 지정된 한 개 돌림띠, 이로 인해 네 개 방(단테의 지상의 삶, 지옥, 연옥, 천국)의 바닥과 천장은 세 개의 간격으로 배치된 석재 마름돌을 가로막는 일곱 개의 띠로 파사드에 그려져 있다.

내려갈 때마다 더 좁아지는 세 개의 원이 있단다. 네가 떠날 때 본 것처럼 말이다."

"그곳에는 저주받은 망자들로 가득하단다. 하지만 이후부터는 보는 것만으로도 충분하도록 저들이 어떻게 그리고 왜 감금됐는지를 들어보도록 해라."

「지옥편」, XI, 16-18

그것(사랑-역주)이 최초의 선(하느님-역주)으로 향해 있고 세속적인 선 안에서도 올바른 측정을 준수한다면, 그것이 죄 많은 쾌락의 원인일리는 없을 것이다. 하지만 그것(사랑)이 엇나가 악으로 향한다거나, 그것이 그래야 하는 바 보다, 더 많은 열의를 갖고 더 빨리 선으로 다가가고자 한다면, 조물주의 역사를 거스르는 일일 것이다. 이런 이유로 사랑이 네 안에서 모든 덕과 또한 벌을 받아 마땅한 모든 행위의 씨앗이라는 것을 이해할 수 있을 것이다.

「연옥편」, XVII, 97-105

맨 첫 번째 옥은 폭력을 쓴 자들을 위한 것이다. 하지만 폭력은 세 사람을 대상으로 저질러진 것이므로, 그것은 세 개의 고리로 나뉘지고 구축된다. 폭력은 신에게, 제 자신에게, 그리고 제 이웃에게 행해질 수 있다. 이는 내가 그들에게 말했고, 그들의 이치이니, 네게도 납득이 가리라.

「지옥편」, XI, 28-32

17. 일곱은 7대 죄악, 신덕과 기본 미덕 일곱 가지(3 + 4)이며, 1300년 4월 7일(희년의 성 목요일)에 시작된 우화적 여행에서 단테는 7일을 걸었다.

18. 건축 및 구성적 인공물이 수와 관련된 대칭 법칙을 준수하는 것, 벽을 세분화하고 방의 기본 치수를 추적하는 것, 이를테면 바닥에서 천장에 이르는 높이가 8.1미터인 것(81데시미터, $3 \times 3 \times 3 \times 3$ 데시미터)은 방 자체의 구조를 설명하기엔 충분치 않다. 두 가지 한계를 고려해 보다 일반적인 문제를 언급할 필요가 있다.

   1) 시 해석에서 세 가지 담론 방식—문자 그대로의 것, 알레고리적인 것, 영적인 것—과 관련해 본질적인 것들을 연구할 것.
   2) 건축물의 성격 및 기념비적 건물의 유형을 정의하는 것은 신전, 박물관, 무덤, 궁전 및 극장의 형태로, 이미 역사적으로 고정된 두 가지 이상의 유형을 활용해야 함.

19. 문자 그대로의 의미는 인간의 운명(성 바울의 항해, 성 패트릭의 연옥 등)에 관한 중세시의 주기 일부를 형성하고 예술적 의미에서는 더 높은 기독교의 목표와 더불어 완전성과 결합하는 외계여행을 묘사한다. 알레고리적인 의미는 죄(지옥)를 인식하고 뉘우침의 속죄(연옥) 속에 은총(천국)으로 나아가는 단테(죄 많은 인간)의 개과천선이다. 영적 의미는 (단테라는 인물에게서 되찾는) 인류를

… 여인들은 번갈아가며 시작했다. 어느 때는 세 사람이, 어느 때는 네 사람이.

「연옥편」, XXXIII, 1-2

"아들아, 저기 위 네가 응시하고 있는 것이 무엇이냐?" 나는 그에게 답했다. "이쪽 극 하늘을 온통 불태우고 있는 저 세 개의 횃불을 봅니다." 그러자 그가 내게 말했다. "네가 오늘 아침에 보았던 네 개의 밝은 별은 저편으로 졌다. 그리고 이 횃불들은 그 별들이 진 곳에서 돋아난 것이다."

「연옥편」, VIII, 86-93

그러므로 우리가 말해야 하는 것을 해명하기 위해서는, 이 작업의 의미가 단 하나가 아님을 이해해야 합니다. 오히려 이 작업은 '다의적'으로, 즉 여러 의미들을 지닌 것으로 설명될 수 있습니다. 왜냐하면 첫 번째 의미는 문자에 의해 전달되는 것이고, 두 번째 의미는 그 문자가 의미하는 바에 의해 전달되는 것이기 때문입니다. 전자는 이른바 말 그대로의 뜻인 반면, 후자는 알레고리적인 것을 뜻하거나 신비적인 것을 뜻합니다.

「칸 그란데 델라 스칼라에게 보내는 서한」, 제7절

이제 우주의 가장 깊은 구덩이에서부터 여기까지 오면서, 영적인 삶들을 하나하나 보아온 이 사람이, 당신의 은총을 간청 하옵나니 마지막 구원을 향해 계속해서 더 높이 눈을 들 수 있기를 바라나이다.

「천국편」, XXXIII, 22-27

전체의 목적과 부분의 목적은 다양할 수 있습니다. 예를 들어 당면한 위한 영원한 행복이라는 비전이며, 세속적 번영을 위해 로마에 중심을 둔 로마제국을 재건하고 영적인 행복을 위해 그 역시 로마에 중심을 둔 교회―그것을 오염시키는 속세의 권력으로부터 해방된 교회―를 회복하는 것이다.

20 이 세 가지 영역의 필수 요소에 대한 연구는 이 건물의 마지막 탁월한 교훈적 성격을 상기시킨다. 우리가 살고 있는 이 놀라운 시대가 단테가 예언한 '지참금'을 그토록 명료하게 확증하는 것이 아니라면, 이것은 작품의 '명분'으로 평가될 수 있을 것이다.

21. 따라서 건축기념비로『신곡』을 칭송하는 것은 생생한 과업이지 박식해서 하는 일이거나 연극 제작자의 판타지가 아니다.

22. 그러므로 그것은 박물관, 궁궐, 극장이 아니라 우리가 건설하고자 하는 신전이다.

것이 있고 조금 먼 것이 있습니다. 하지만 이 문제에 대한 꼼꼼한 검토를 잠시만이라도 제쳐놓으면, 전체와 부분의 목적은 이러한 삶 속에 사는 사람들을 비참에서 떼어내 그들에게 행복을 가져다주는 것임을 한 마디로 말할 수 있을 것입니다.

「칸 그란데 델라 스칼라에게 보내는 서한」, 제15절

하지만 이 마지막 안건에 관한 진실은 어떤 방식이든 우리의 현세적 행복이 우리의 영원한 행복에 종속돼 있기 때문에 로마 교황에 대한 모든 예속으로부터 로마 군주만이 예외라는 식으로 좁게 해석해서는 안 된다. 그러므로 카이사르는 맏아들이 그의 아버지에게 빚진 베드로에 대한 경외심을 지켜야 할 의무가 있다. 그래서 그가 아버지의 은총의 빛으로 깨달을 때 그는 세상을 더욱 강력하게 밝히고, 영적이고 현세적인 모든 것의 통치자이신 분께서 그를 머리에 두실 것이다.

『제정론』, III, xvi.

23. 각기 다른 높이에 배치된 방들로 이루어진 세 부분의 신전은 상승하는 경로를 설정한다[그림 112]. 다른 방식으로 구축된 [그림 113] 이 방들은 방문객이 물질과 빛의 승화를 위해 서서히 준비할 수 있도록 통합된다. 천장의 틈새로 무겁고도 신중하게 빛이 들어오는 지옥의 방은 방문객과의 첫 접촉으로 놀라움의 영적 분위기를 조성하고자 하는데, 이는 각각이 일곱 개의 블록으로 조각난 돌로 이뤄진 지붕의 부분들을 떠받치고 있는 일곱 개의 암석기둥을 독특하면서도 암시적으로 배열을 통해

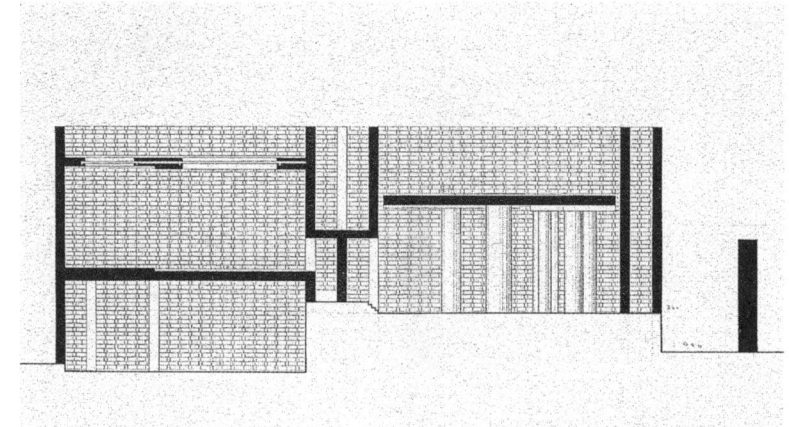

[그림 112]
단테움,
지옥(오른쪽)과
연옥의 단면

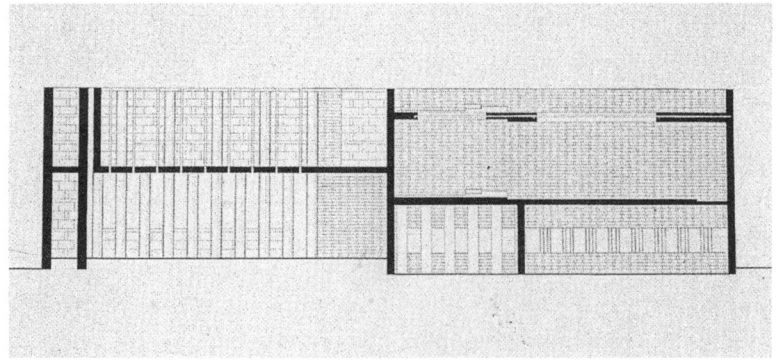

[그림 113]
단테움,
연옥(오른쪽 위),
도서관(오른쪽 아래),
입구(왼쪽 아래),
천국(왼쪽 위)을
통과하는 종단면

거기에는 로마 군주의 공적이 그림으로 그려져 있는데, 그 공적의
가치로 인해 그레고리우스는 위대한 승리를 거둘 수 있었다. 그 분은
다름 아닌 트라야누스 황제다. 불쌍한 과부가 눈물을 흘리고 고뇌에
찬 모습으로 그의 고삐에 매달려 있다. 황제의 주위에는 저벅거리며
대오를 이룬 기사들의 모습이 보이고 그들 위에는 금빛 독수리가
바람을 가르며 찬연히 날고 있었다.
이들 가운데서 그 불쌍한 여인은 말하는 듯했다. "폐하, (전장에서)
죽은 제 자식의 원수를 갚아 주소서. 그 때문에 제 마음이
찢어지옵니다." 그러자 황제가 그녀에게 답하는 것 같았다.
"내가 돌아올 때까지 기다리라." 그러자 "하오나 폐하" 그녀는
고뇌로 마음이 급한 사람처럼 말했다. "만약 폐하께서 귀환하지
못하신다면?" 그러자 황제는 답했다. "나의 자리에 있게 될
자(대리자)가 너를 위해 그리 할 것이다." 그러자 여인은 말했다.
"다른 이의 공덕이 폐하께 무슨 소용이 있겠나이까? 만약 폐하께서
자신의 일을 잊으신다면." 그러자 황제가 답했다. "이제 안심하도록
하여라. 내가 떠나기 전에 내 임무를 이행하도록 하겠다. 정의가
그것을 원하고, 자비의 정이 나를 붙드는구나."

「연옥편」, X, 73-96

그는 대지의 산물을 먹지 않고, 금전을 축재하지도 않지만 지혜와
사랑과 덕을 양식으로 삼으며, 그의 고향은 펠트와 펠트 사이에
위치할 것이다.

「지옥편」, I, 105

[주의: 이것은 베네토의 펠트레와 로마냐의 몬테펠트로 사이에
있는 지역을 말한다. 무솔리니는 이들 지역 사이의 프레다피오에서
태어났다.]

그렇게 한다. (작은 부분들로의) 분해는 황금분할 직사각형에 포함돼 있는 조화법칙을 엄격하게 적용해 얻는다. 이로 인해 일련의 정사각형이 생성되며, 사각형들은 하강하는 나선으로 배치되고, 이론상으론 무한수이다. 실현 가능한 사각형들의 수에서 이러한 분해를 중지하기 위해 우리는 그 한계를 7로 설정했다. 방에 들어가면 한 변이 17미터인 첫 번째 정시각형에서 한 변이 70센티미터인 일곱 번째 정사각형까지 통과한다. 이들 정사각형의 중심을 관통하는 선은 나선으로, 『신곡』의 지형도 즉 지옥의 심연과 연옥의 산을 가로지르는 단테의 여행에서 비롯된 나선이다. 따라서 우리는 오리엔트, 그리스, 이탈리아, 이집트 방, 그리스 신전, 에트루리아 무덤과 같은 고대의 구성적 모티프를 상기시키는 원기둥들로 이루어진 방을 설계했다. 이것은 마치 아리스토텔레스 철학의 한 페이지에서 나온 것처럼 칸토 XI의 베르길리우스 교훈을 통해 지옥의 도덕적 구조를 설명하는 단테의 생각을 고수한다. 지구의 지각 아래, 그리고 루시퍼의 추락으로 인한 무시무시한 지진의 무질서로 형성된 공허와 임박함의 감각이 방 전체를 뒤덮음으로써 조형적으로 생성될 수 있다. 이 부서진 천장과 줄어드는 사각형들로 분해되는 바닥, 천장에 있는 블록들의 균열을 통해 걸러지는 희미한 빛은 모두 고통의 파국적인 느낌과 태양과 빛을 얻으려는 헛된 열망—단테가 말을 걸었던 죄인들의 비탄에 찬 말에서 종종 발견했던 그 느낌들—을 보여준다. 이때 일곱 개의 원기둥은 그것들이 지지하는 무게에 비례하는 두께를 가지며 직경이 2.78미터에서 0.48미터까지 다양해서 방 안에서의 배열은 무질서하게 보인다. 나선으로 기둥 그룹을 모으는 가상의 선은 임의적이지 않은 그러한 배열이 분명한 조형 효과를 생성하도록 보장한다.

나는 내가 제대로 알아들었다는 것을 말하기 위해 고개를 더
치켜들었지만, 어떤 광경이 펼쳐져 나를 그쪽으로 확 끌어들였고
그것을 보느라 나는 고백하는 것을 잊어버리고 말았다.

「천국편」, III, 7-9

"지체 없이 꽉 매달라," 지쳐버린 사람처럼 헐떡이며 스승은 말했다.
"왜냐면 우리는, 이것들을 계단으로 활용해, 무시무시한 악으로부터
탈출해야 하기 때문이다."

「지옥편」, XXXIV, 82-84

"자, 일어서라." 스승은 말했다. "길은 멀고 험하도다."

「지옥편」, XXXIV, 94-95

그는 하늘에서 이쪽으로 떨어져 온 것이다. 앞서 여기에 있었던 땅은
그들 두려워해 바다의 장막을 만들고 우리 반구로 왔다. 그리고 아마
그에게서 도망치기 위해 여기 이쪽에 빈 공간을 남겨두고 위쪽으로
달아났을 것이다.

「지옥편」, XXXIV, 121-123

"프란체스카, 당신의 괴로움이 참혹하고 불쌍해서 눈물이 나는군요.
하지만 말해보시오. 달콤한 탄식의 시간에 무엇에, 또 어떻게 해서
사랑은 당신에게 의심스러운 욕망을 알게 해주었습니까?" 그러자
여인이 내게 말했다. "비참한 상태에서 행복을 떠올리는 것보다 더
쓰라린 일은 없습니다. …"

「지옥편」, V, 116-122

24. 연옥의 방에서 단테가 두 체계(지옥과 연옥의 두 영역에서 각각 징벌적이거나 보상적인 것)에서 명확히 증거하는 평형 규칙은 각 방의 바닥과 천장 사이의 완벽한 대응으로 조형적으로 표현된다. 왜냐하면 첫 번째 방에는 일곱 개의 사각형으로 구성된 지붕 분할을 반복하는 바닥 포장 패턴이 제공되는데, 이 패턴은 천장의 일곱 개 블록과 일치하는 일곱 단을 만들어내기 때문이다.

25. 그러나 두 번째 방의 조형적 적합성을 정확하게 설명하는 또 다른 반응을 말하는 것 역시 시의적절하다. 단테는 연옥을 북반구의 지구 반대편 끝에 지옥을 만들어낸 루시퍼 추락의 충격으로 생긴 오스트레일리아 반구에 잠긴 일곱 개의 테라스나 '코니스'로 구성된 끝이 잘린 원뿔형 산의 형태로 상상한다. 연옥은 물의 바다에 있는 섬으로 지옥 위 (그리고 땅으로 덮인) 반대편은 천국의 예루살렘이 있다. 우리는 이미 숫자 7의 규칙으로 요약된 지옥과 연옥의 도덕적 지형학 사이에서 유사성을 이끌어냈다. 이제 지옥의 깊은 틈을 이루는 공허부와 연옥의 신비로운 산을 이루는 단단한 것 사이에 구체적이고, 물질적이며, 조형적인 대응물을 추가할 필요가 있다.

26. 단테움의 방들을 디자인하면서, 우리는 수행자와 같이 충실하게 이들 기본적인 개념을 존중하며, 방의 조형적 구성에서 우리 스스로 선택과 종합의 자유를 확보하는 것이 적절하다고 믿었다. 그러므로 두 번째 찬송가(「연옥편」)에 헌정된 방은 앞의 방과 유사하다. 황금사각형을 일곱 개의 정사각형으로 세분하는 것은 동일하지만 방향은 (방문객이 반드시 가야 하는 여정을 따르기 위해) 그 반대가 된다. 이와 같이 동심원 패턴의 사각형들은 계곡과

나는 모든 빛이 침묵하는 장소에 들어왔다.

「지옥편」, V, 28

우리가 있던 곳은 궁전의 홀이 아니라 자연의 지하 동굴로 바닥은 울퉁불퉁했고 빛은 전혀 들지 않는 곳이었다.

「지옥편」, XXXIV, 96-98

… 나는 노래하리라. 인간의 영혼이 깨끗이 씻겨 하늘로 오르기에 적당한 제2의 왕국을 …

「연옥편」, I, 4-6

아, 이 길들은 지옥의 길들과 얼마나 다른가. 여기 입구는 노랫소리와 함께 들어가지만, 저기 아래(지옥의 입구-역주)는 극심한 한탄과 함께 들어갔으니.

「연옥편」, XII, 112-114

그는 팔을 벌리고 자신의 날개를 활짝 펴며 말했다. "이리로 오라.

같은 천장의 오목한 곳에 의해 만들어진다. 처마널—단테의 2단계 '테라스'에 상응한다—의 윤곽은 또렷하게 드러나는데, 이는 연옥산의 테라스에 있는 가상적 구조의 '틀'을 제안한 것에 지나지 않는다.

27. 연옥의 도덕적 '구성'은 지옥의 구성에 비해 훨씬 더 단순하고, 연옥에 헌정된 방은 훨씬 더 방해받는 것 없이 앞의 방에 비해 열려 있다. 두 번째 찬송가에서 참회를 통한 죄의 속죄는 시인이 죄인들에게 인류애를 갖고서, 그리고 더 자주 온유함을 갖고서 우화적 장면들을 제시할 기회를 준다. 그 스스로는 첫 번째 테라스 천사의 공간에서 자신의 이마에, 때론 다른 산의 관리자인 다른 천사들에 의해 지워지는, 일곱 가지 죄의 표식을 받아들여 죄수들의 삶에 참여한다.

28. 우리가 이 두 번째 찬송가를 제대로 표현하기 위해 준비하려는 장면은 그와 같은 시적인 감각을 빠뜨리지 않는다. 천장에 있는 넉넉한 틈새를 통해 터져 나오는 햇살의 풍부한 빛을 활용해 방문객이 편안함을 느끼는 분위기를 만들어낼 수 있을 것이다. 방문객의 관심을 또 다시 하늘로, 하지만 기하학으로 틀지어진 하늘로 돌릴 수 있을 것이다.

층계는 여기 가까운 곳에 있다. 이제부터 오르는 것이 수월할 것이다."

「연옥편」, XII, 91-93

"스승님, 말씀해 주세요. 제가 걸어갈 때 피로를 거의 느끼지 못하는 것은 어떤 짐이 저로부터 덜어졌기 때문입니까?" 그가 답했다. 거의 없어졌지만 여전히 네 이마에 남아있는 P자들이, 이미 사라진 글자처럼 완전히 지워지면, 너의 선한 의지가 너의 발을 정복해, 네 발들은 피로를 느끼지 않을 뿐 아니라 재촉해 앞으로 나아가는 것이 즐거워질 것이다."

「연옥편」, XII, 118-126

내 눈과 가슴을 괴롭혔던 죽음의 공기로부터 나오자마자, 평화로운 얼굴을 한 하늘에 모여 있던 동방의 벽옥 같은 달콤한 빛이 훨씬 순수한 첫 번째 지평에, 기쁨으로 회복된 내 눈에까지 닿았다.

「연옥편」, I, 13-18

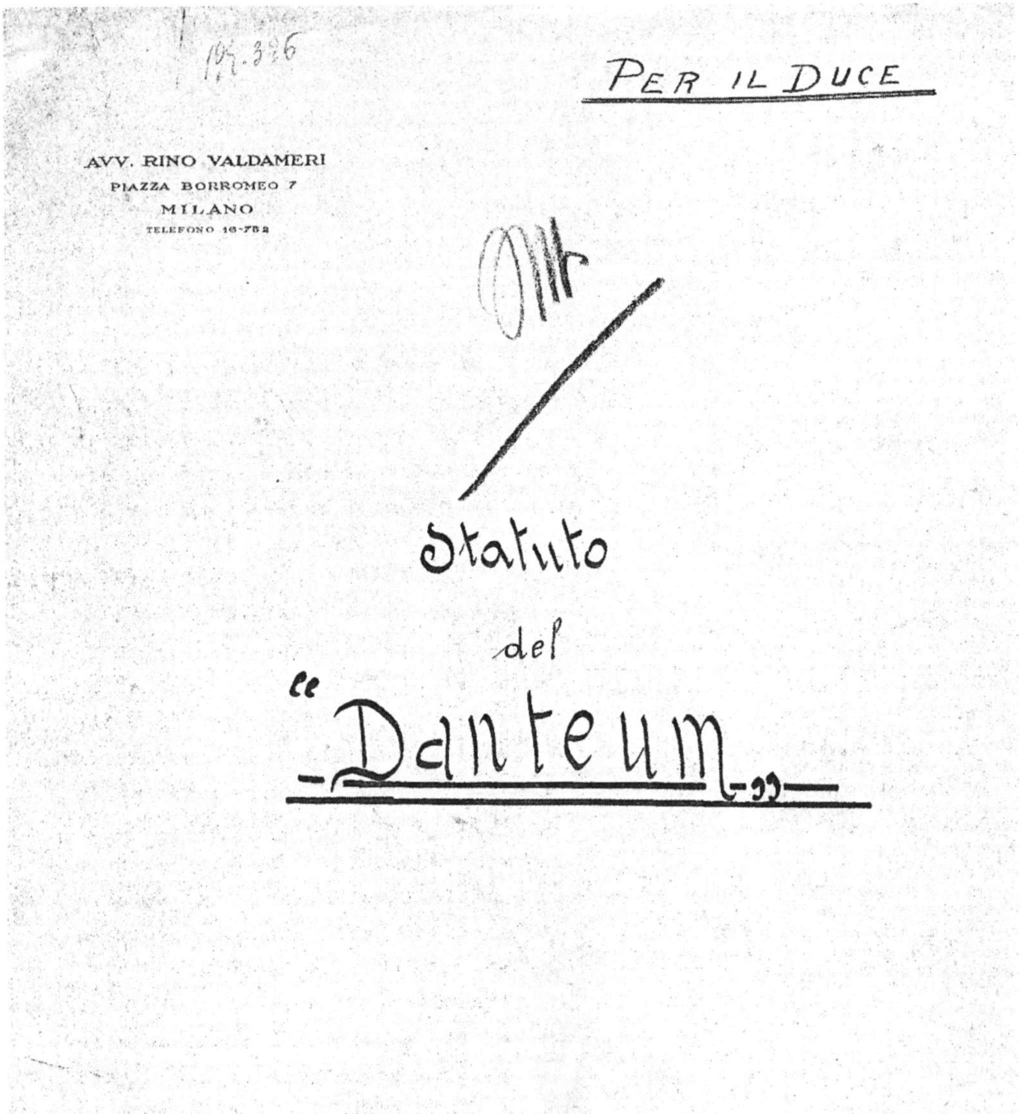

PER IL DUCE

AVV. RINO VALDAMERI
PIAZZA BORROMEO 7
MILANO
TELEFONO 16-752

Statuto
del
"Danteum"

[그림 114]
「단테움 법령」 제목 페이지, 무솔리니의 'M'은 총독이 문서를 보았음을 나타낸다.

기록문서

1.
리노 발다메리, 「단테움 법령」
1938

1. '단테움'이 로마에 지어질 것이다. 총통의 의지와 천재성으로 단테가 꾸었던 제국의 꿈을 실현하는 이 시대에 제국의 길에 건립할 것을 제안하는 국가조직, 가장 위대한 이탈리아 시인들에게 헌정되는 신전.

2. 단테움은
   a 무솔리니가 창조한 것들의 주요 원천으로 간주되는 단테의 말씀들을 기리기 위한 것이다.
   b 그것을 지속적으로 전파하는 데 도움을 주기 위한 것이다.
   c 단테의 연구자들에게 필요한 모든 것을 완비한 도서관을 건설하고, (단테의 작품) 『신곡』과 『새로운 삶』에서 전체적으로든 부분적으로든 영감을 얻은 모든 삽화 및 시인의 성상 연구에 중요한 모든 것을 소장하기 위한 것이다.
   d 이탈리아와 외국에서 단테에 관한 강좌를 장려하고 시인의 작품과 관련된 연구나 조사에 관한 실질적인 중심지가 되기 위한 것이다.
   e 제국 파시스트 이탈리아의 성격을 육성하고 입증하는 저 계획들을 제안하고 지원하기 위한 것이다.

3. 조직은 국가원수, 당대표, 국무장관이 신경 써서 지켜보게 될 것이다. 다음 공직자로 구성된 스무 명의 이사진이 조직을 감독할 것이다. 교육장관, 민중문화장관, 재무장관, 국가파시스트당[PNF] 대표, 국가파시스트문화연구소장, 왕립 이탈리아 아카데미 의장, 로마 시장, 민족단테협회 회장, 이탈리아 단테협회 회장 이사회 의장과 구성원은 정부의 수장이 임명한다. 그들의 임기는 5년이다. 의장은 조직의 수장이며, 그에 준하는 사회 권력을 갖는다. 이사회의 구성원들 중에서 서기장을 선출할 것이며, 그에게 조직과 의장의 지시에 따라 조직의 활동들을 전개하도록 위임한다.

4. 이사회는 협회를 관리하는 데에서 의장을 보좌한다. 이사회는 의장이 필요하다고 판단하면 언제든 소집될 것이다. 하지만 적어도 3개월에 한 번은 소집한다. 의장과 이사회 회원들은 무급으로 일한다. 이사회는 로마의 단테움에서 소집될 것이다.

5. 정부의 수반, 국무총리, 국무장관의 승인을 위해 현재 법령의 규칙과 규정을 제안할 것이다.

2.
리노 발다메리가 오스발도 세바스티아니에게 보내는 서한
1938년 10월 19일

밀라노, 1938년 10월 19일 XVI

각하

국가원수 각하의 의중에 따라 그리고 (대관) 알레산드로 포스와 합의해 건축가 주세페 테라니와 피에트로 린제리에게 단테움 프로젝트를 준비하도록 했으며, 그것은 로마의 제국의 길에 건설될 예정입니다.

각하의 중요한 업무를 방해한 것에 대해 용서를 구하며, 저와 포스, 그리고 건축가 테라니와 린제리가 국가 원수를 접견할 수 있기를 청합니다. 그 자리에서 저희들은 국가원수가 검토할 수 있도록 총독께 프로젝트를 명확하고 상세하게 설명할 수 있을 것입니다. 동시에 지난 약속과 관련해, 알레산드로 포스는 국가 원수이신 각하께, 총 이백만 리라를 단테움 건립에 쓸 수 있도록 사적으로 기부할 예정입니다. 각하, 바라건데 파시스트로서의 저의 진심어린 헌신을 받아주십시오.

리노 발다메리
보로메오 광장 7번지

오스발도 세바스티아니는 무솔리니의 비서실장이었다.

3.
세바스티아니가 발다메리에게 보낸 전문
1938년 10월 25일

총통께서 베네치아 궁에서 당신과 알레산드로 포스와 건축가 주세페 테라니를 함께 접견하실 것입니다. 11월 10일, 목요일 오후 6시 30분 정각 로마에 보냈던 표시 덕분입니다. 궁에 도착하면 이 전문을 제시해 주십시오.

비서실장
세바스티아니

4.
발다메리가 세바스티아니에게 보낸 전문
1938년 10월 27일
관심과 정중한 소통에 진심으로 감사드립니다. 11월 10일, 목요일, 오후 6시 30분에 포스 대관, 건축가 린제리, 테라니와 함께 베네치아 궁에 도착하겠습니다. 저희는 알베르고 암바스치아토리에서 갈 예정입니다. 진심어린 충정을 담아.

리노 발다메리

5.
무솔리니 접견에 관한 알림
육필
1938년 11월 10일

법률가 리노 발다메리가 각하의 접견을 위해 대기실에서 기다리고 있습니다.

로마, 1938년 11월10일 A. XVII

6.
무솔리니의 비서실장(세바스티아니)의 기록
1938년 11월 11일

오늘 아침, 알피에리 각하께서 각 오십만 리라 수표(#005321/12) 네 장을 남기셨는데, 그것은 발다메리의 단테움 프로젝트를 위해 포스가 내놓은 것이며, 총독께서 그것에 사인하시기를 바랐지만, 오늘 아침 그렇게 하는 것을 잊었다.
(무솔리니가 사인함)
"내가 루치아노 베르나베이장관에게 위탁했음, 전달할 것."

1938년 11월 11일 XVII

7.
마시모 본템펠리가 피에트로 린제리에게 보낸 서한
1939년 2월 4일

베니스, 1939년 2월 4일 XVII

린제리씨에게
저는 어제 「단테움 보고서」 편지를 받았습니다. 하지만 저는 그 앨범을 얼마 전에 보내드렸습니다. 1월 10일, 발다메리씨가 제게 그것을 보내주셨습니다. 저는 그것을 로마에 가져왔는데, 1월 22일부터 25일까지 머물렀습니다. 수상을 볼 수 없었기 때문에 (그는 아마 파비아에 있었던 것 같습니다.) 저는 국가미술위원회 의장인 마리노 라차리에게 앨범을 보냈고, 그에게 건강상의 이유로 발다메리는 스위스로 가야만 했다는 것과 그것에 관한 책임을 제게 일임했다고 말씀드렸습니다. 라차리 씨는 지금쯤이면 그것을 수상게 전달했어야 합니다.
그런 이유로 「보고서」를 즉시 라차리 씨에게 보내야 합니다. 제가 받은 모든 것을 여기에 보관하겠습니다. 다시 보내야 할지 아니면 다른 경우를 대비해 갖고 있어야 할지 말씀해 주실 때까지는요.
애정을 담아.

마시모 올림

8.
무솔리니의 비서실장의 기록
(세바스티아노의 조수) 밀레티씨의 기록물에서 발췌
1939년 4월19일

받는사람: 변호사 리노 발다메리.
　　　　　알베르고 암바스치아토리
　　　　　내일부터 목요일까지
　　　　　로마

세바스티아니 각하께서 다음과 같은 질문에 답하기를 원했다.
(하나만 관련이 있어서 발췌한다.)
'단테움' 기금과 관련해 포스 대관과 더불어 총독께서 받으실 필수자료를 (우리에게) 제출할 것, 그때 총통께서는 이미 며칠 전 특정 지침을 하달해놓은 상태였다.

　　　　　　　　　　　　　　　　　1939년 4월19일 XVII

9.
발다메리가 무솔리니에게 보낸 서한
1939년 4월 20일

　　　　　　　　　　　　　　　　　로마, 4월 20일 XVII

총통 각하, 각하의 높으신 영도로, 저희 세대는 우리 조국의 새롭고 강철 같은 운명을 주조하는 데 최고의 자부심을 갖고 있습니다.

각하의 활력으로, 파시스트 정부 부처가 우리 인민의 부활을 도모하는 열정적인 과업에 제 역량을 바칠 수 있어서 영광스럽고 기쁩니다. 저는 철강제조 회사에서 그 분야의 자문 역으로 많은 일을 하며 기여할 수 있습니다.

총통 각하, 각하의 지명으로 제가 1922년부터 일원으로 활동하고 있는 당에서 베니니 각하를 대신해 제가 총통 각하를 대표하는 영광을 누릴 수 있다면, 피로해하거나 멈추지 않고 한결같은 신념과 헌신으로 각하를 섬길 것입니다.
서명 있음.

리노 발다메리

10.
발다메리와 포스가 무솔리니에게 보낸 서한
1939년 5월 2일

밀라노, 1939년 5월 2일 XVII

베니토 무솔리니 각하께.
국가원수
로마

총통 각하,
저희는 각하의 지시를 충실하게 수행했습니다. 하지만 단테움이 (1942년 박람회에 맞춰) 제국의 길에 건립되기 위해서는 저희가 완수하고 있고 진전중인 과업을 각하께 보여드릴 필요가 있습니다. 총통 각하, 그래서 아무쪼록 자애롭게 저희가 (각하를) 알현할 수 있는 영광을 주시기를 부탁드립니다.

리노 발다메리
알레산드로 포스

11.
발다메리가 콜로넬 나니에게 보낸 서한
1939년 5월 31일

친절하신 콜로넬 씨에게
혹 제가 당신의 조언대로 총통 각하에게 보냈던 두 통의 서한을
복사본으로 첨부해주신다면 대단히 고맙겠습니다. 저는 아직
응답을 받지 못했습니다. 제가 (한 마디 말씀이라도) 기대해도
되겠는지요?
용기를 내서 최선의 헌신을 다해.

리노 발다메리

12.
세바스티아니가 발다메리에게 보내는 전문
1939년 6월 5일

총통 각하께서 이번 달 8일 목요일 저녁 6시에 알레산드로 포스와
함께 베네치아 궁에서 당신을 만나시겠다고 분명히 하셨습니다.
로마에 보냈던 표시 덕분입니다. 궁에 오셨을 때 이 전문을
제시하시기 바랍니다.

비서실장
세바스티아니

13.
발다메리와 포스가 세바스티아니에게 보낸 전문
1939년 6월 5일

세바스티아니 각하

8일 화요일 알현 가능성에 대해 알려주셔서 감사드립니다.
그동안 각하께서 확인하시기를 희망합니다. 저희는 알베르고
암바스치아토리에 있는 주소로 연락드릴 것입니다.

변호사 발다메리
사령관 포스

14.
발다메리가 세바스티아니에게 보낸 전문
1939년 6월 6일

로마에 계신, 총통 각하의 비서실장인 세바스티아니 각하. 연락
주셔서 감사합니다. 이번 달 8일 화요일 저녁 6시라는 것을 확약할
수 있게 돼 영광입니다. 저는 알레산드로 포스와 함께 베네치아
궁에 도착할 예정입니다. 또 다시 알베르고 암바스치아토리에
있을 예정입니다.
감사의 마음을 담아.

리노 발다메리

15.
페리 대관이 세바스티아니에게 보낸 노트
1939년 6월 8일

(그가) 승인되고 나서 유예된 알현이 언제까지 연기되는지를 알고
싶다고 합니다.

이것은 전화 통화를 기록한 것이다.

16.
발다메리가 세바스티아니에게 보낸 서한
1939년 8월 11일

오스발도 세바스티아니 각하께
국가원수의 비서실장

각하
6월 5일자 전보에서, 각하는 친절하게도 총통 각하께서 자신이 표했던 의중을 말씀하시면서 6월 8일 목요일 베네치아 궁에서 알레산드로 포스 대관과 저를 접견하시겠다는 내용을 알려주셨습니다.
전화로 알현이 연기됨.
총통 각하께서 알레산드로 포스 대관(밀라노, 몬테포르테 50을 경유함)과 저에게 5월2일 요청드린 알현의 영광을 허락하시어 (지금까지) 완료된 작품과 마무리를 위해 필요한 것을 그 분 앞에서 보고하기 위해 각하의 멋진 사무실을 쓸 수 있도록 허락해 주십시오. '단테움'이 국가 원수의 지시에 따라 제국의 길에 건립될 수 있도록 말입니다.
특별히 감사드리며.
더욱 헌신하는 마음으로.

리노 발다메리

17.
세바스티아노가 발데메리에게 보낸 서한
이 글은 2차 세계대전을 유발한 히틀러의 폴란드 침공 사흘 후에 쓰였다.
1939년 9월 4일

변호사 리노 발다메리
빌라 발다메리
포르토피노

8월 둘째 날, 좀 더 유쾌한 방식으로 답신을 드리고자 했습니다. 하지만 그때는 그렇게 할 수 없었습니다. 좀 더 나은 시간에 다시 요청할 수도 있을 겁니다.

이것이 공식 서한의 끝을 알린다. 세바스티아니의 서신에서 갑작스런 어조의 변화는, 그러니까 권위주의적인 것에서 회유적이면서도 이해심 있는 톤으로의 변화는 아마 세계대전이라는 그 후의 사건들에 대한 무의식적인 신호일 것이다.

18.
발다메리로부터 온 서신의 복사본
브레라 아카데미라는 로고가 인쇄된 편지지에 쓰인 것으로, 이 편지는 이탈리아 군대의 책임 있는 누군가에게 전송될 예정이었던 것으로 보이며, 실질적인 군복무에서 테라니를 면제시키기 위한 시도인데, 그렇게 함으로써 테라니는 단테움의 작업을 계속할 수 있었을 것이다. 이 복사본은 코모에 있는 테라니 재단에 보관돼 있다.
1940년 5월 15일

이 서류는 (고인이 된) 미켈레 테라니의 아들, 건축가 주세페 테라니가 로마의 제국의 길에 건설될 (단테 기념비인) 단테움 프로젝트를 수행하는 임무를 띠고 있으며 그것은 로마 정부가 실행을 요청했음을 증명하기 위한 것입니다.
이 프로젝트는 어떤 이유로도 연기돼서는 안 되며, 다른 디자이너가 건축가 테라니를 대체할 수도 없는 일입니다. 따라서 저는 테라니가 앞서 언급한 프로젝트를 수행할 수 있도록 필요한 휴가를 받을 것을 촉구합니다.

밀라노, 1940년 5월 15일 XVIII

발다메리는 1943년 폐렴으로 사망했다. 테라니는 1943년 7월 19일 일종의 색전증으로 사망했다. (몇몇 역사가는 테라니가 자살했다고 주장하지만 그와 같은 주장을 뒷받침할 만한 확실한 증거가 없다.) 린제리는 1943년 7월 25일 기차 창문으로 파시스트 당 배지를 던져버렸는데, 그날은 무솔리니가 퇴위된 날이었다. 린제리는 1968년 일흔의 나이로 사망했다.

참고문헌

ARGAN, GIULIO CARLO. "Theme speech at the Terragni Congress," September 1968, in *L'Architettura* 163 (May 1969).
BALLO, GUIDO. *Mario Radice*. Turin: ILTE, 1973.
BANHAM, REYNER. *Theory and Design in the First Machine Age*. New York: Praeger, 1970.
CARR, HERBERT. *The Philosophy of Benedetto Croce*. New York: Russel and Russel, 1969.
Casabella 82 (October 1934).
CIUCCI, GIORGIO and SILVIO PASQUARELLI. "Un documento inedito, La ragione teorica del Danteum," *Casabella* (March 1986).
CROCE, BENEDETTO. *The Aesthetic of the Science of Expression and of the Linguistic in General* (1902); reprint, New York: Cambridge University Press, 1992.
DANTE ALIGHIERI. *Convivio*. Trans. William Walpond Jackson. Oxford: Clarendon Press, 1909.
―――. *The Divine Comedy*. Trans. Charles Singleton. Princeton, NJ: Princeton University Press, 1970.
―――. "Epistle to Can Grande della Scala," in Paget Toynbee. *Dantis Alagherii Epistolae*. Oxford: Clarendon Press, 1922.
―――. *Vita Nuova*. Trans. Barbara Reynolds. Harmondsworth: Penguin Books, 1969.
―――. *Monarchy and Three Political Letters*. Trans. D. Nicholl. New York: Garland Publishing, 1972.
DE SETA, CESARE. *La Cultura Architettonica in Italia Tra le Due Guerre*. Bari: Laterza, 1972.
DE FELICE, RENZO. *Intervista sul Fascismo*. Rome: Laterza e Figli, 1975.
DOORDAN, DENNIS. Building Modern Italy. New York: Princeton Architectural Press, 1988.
EISENMAN, PETER. "From Object to Relationship 1," in *Casabella* 344 (January 1970), and "From Object to Relationship 11," in *Perspecta* 13/14 (1971).
ERLIN, RICHARD. *Modernism in Italian Architecture*, 1890–1940. Cambridge, MA: MIT Press, 1991.
FRAMPTON, KENNETH. "On Reading Heidegger," *Oppositions* 4 (October 1974).
FRECCERO, JOHN, ed. *Dante: A Collection of Critical Essays*. Englewood Cliffs, NJ: Prentice-Hall, 1965.

FREEDBERG, SYDNEY J. *Painting in Italy, 1500-1600*. Pelican History of Art Baltimore, MD: Penguin Books, 1970.

GHIRARDO, DIANE. "The Politics of a Masterpiece: The Vicenda of Terragni's Casa del Fascio in Como," in *The Art Bulletin* Vol. LXII, No. 3 (September 1980): 466-478.

HERSEY, GEORGE. *Pythagorean Palaces, Magic and Architecture in the Italian Renaissance*. Ithaca, NY: Cornell University Press, 1976.

HOLLANDER, ROBERT. *Allegory in Dantes Commedia*. (Princeton, NJ: Princeton University Press, 1969).

LE CORBUSIER and AMEDÉE OZENFANT, "Purism," in *Esprit Nouveau* 4 (1920).

LE CORBUSIER. *Towards a New Architecture* (1927). Trans. Frederick Etchells; reprint, New York: Praeger, 1970.

LENKEITH, NANCY. *Dante and the Legend of Rome*. London, 1952.

LONGATTI, A. "Massimo Bontempelli e l'architettura 'naturale,'" *L'Architettura* 163 (May 1969).

MALTESE, CORRADO. *Arte Moderna in Italia, 1785-1943*. Turin: Einaudi, 1962.

MANTERO, ENRICO. *Giuseppe Terragni e La Città del Razionalismo in Italia*. Rome: Dedalo, 1969.

MILLON, HENRY. "The Role of History of Architecture in Fascist Italy," *Journal of the Society of Architectural Historians* (March 1965).

PATETTA, LUCIANO. *L'Architettura in Italia 1919-1943*, Le Polemiche. (Milan: CLUP, 1972).

PETERSON, STEVEN K. "A Mies Understanding," *Inland Architect* (Spring 1977).

PIACENTINI, MARCELLO. "Strani Avvicinameti," *Architettura* (August 1941).

―――. *L'Architettura d'Oggi*. Rome: Paolo Cremonese, 1930.

REYNOLDS, BARBARA. "Introduction," in Dante Alighieri. *Paradise*. Trans. Barbara Reynolds. London: Penguin, 1962.

ROCCHI, GIUSEPPE. Report in *L'Architettura* 163 (May 1969).

ROWE, COLIN. "Chicago Frame," (1956), reprinted in *The Mathematics of the Ideal Villa and Other Essays* (Cambridge, MA: MIT Press, 1976).

RUSCHE, CAROL. "Terragni e Vietti." From International Conference on Giuseppe Terragni, Lovenno, Italy, 1989.

TAFURI, MANFREDO. "Giuseppe Terragni: Subject and 'Masks'," *Oppositions* II (Winter 1977): 1-25.

TERRAGNI, GIUSEPPE. "Relazione sulla Casa del Fascio," *Quadrante* 35/36 (1936): 6.

TOYNBEE, PAGET. *Dantis Alagherii Epistolae*. Oxford: Clarendon Press, 1922.

VERNON, W. *Readings on the Paradise of Dante*. New York: Macmillan, 1900.

YATES, FRANCIS. *The Art of Memory*. London: Routledge & K. Paul, 1966.

ZEVI, BRUNO and RENATO PEDIO. *Omàggio a Terragni*. Milan: Etas-Kompass, 1968.

ZEVI, BRUNO. *Storia dell'Architettura Moderna*. Turin: Einaudi, 1975.

ZUCCOLI, LUIGI. *Quindici Anni di Vita e di Lavoro con l'amico e maestro Giuseppe Terragni*. Como: Tipografia Editrice Cesare Nani, 1981.

―――. Report in *L'Architettura* 163 (May 1969).

옮긴이의 글

슈마허의 책 『단테움』을 번역하기로 마음먹은 계기는 교육현장에서 느끼는 갈증에서 비롯된 것이다. 무엇보다 실무 위주로 진행되는 우리 건축교육 현실에서 '인문학적 사유'를 기를 수 있는 기회가 턱없이 부족하다는 문제의식이 가장 컸다. 이러한 교육 기회를 갖지 못한다는 사실은 단순히 교과목 하나를 배우지 않는 차원으로 그치지 않는다. 이는 곧 〈역사·철학적 관점〉에서 건축을 사유할 수 없음을 의미하기 때문이다.

이 책을 읽으면서 독자들이 유념해야 할 점이 있다. 주지하다시피 단테의 『신곡』은 시대나 문화에 따라 다양하게 해석되어 왔다. 이는 신곡에 대한 모범답안이 있을 수 없다는 반증이기도 하다. 이 책에서 중점적으로 다루는 신곡의 건축적 구현물인 테라니의 단테움 역시 수많은 해석 가능성 가운데 하나일 뿐이라는 점이다. 그러니 테라니의 작품에 대한 일종의 '주석'이라 할 수 있는 슈마허의 해석 역시 합리적 근거를 바탕으로 주요 출처를 다루고 있음에도 하나의 해석에 불과하다는 사실을 염두에 두어야 한다.

단테가 구축한 사유의 산책로 지옥—연옥—천국의 순례는 자서전적 알레고리로 가득하다. 『신곡』은 중세의 가을을 거닐던 실천적 지식인의 객관적 상관물 objective correlative 이라 할 수 있다. 당시의 현실과 인간 삶을 관조한 데서 얻은 깊은 내면적 통찰을 구체화한 것일 뿐 아니라 그 세계를 기하학 및 수적 원리와 통합해 반영하고 있는 데다 무엇보다 '세계를 바꿀' 하나의 수단으로 기획되었던 것이기 때문이다. 이러한 접근방식은 단테가 『신곡』에서 피안의 세계를 여행하면서 (영혼의 여행이 아니라) 육체를 버리지 않았던 이유와도 깊은 연관이 있다. 순례와 현실문제는 변증법적 관계를 형성한다. 이 과정이야말로 의식의 전개와 대상존재들과의 교통Verkehr을 통해 '고양된' 존재로 새롭게 거듭나는 '실천적 지식인'의 모습을 확인하는 자리다. 『신곡』외 『향연IL convivio』, 『제정론De monarchia』, 『의무론De officiis』, 『속어론De vulgari eloquentia』 등의 저술은 시대를 바라보는 단테의 시선을 고스란히 반영한다.

테라니는 단테움을 통해 단테의 이러한 기획을 이어받고자 했다. 테라니가 구현한 문학 구축물의 추상성과 시대의 물리적 맥락을 고려한 현실성Wirklichkeit이라는 두 가지 성격이 이를 잘 보여준다. 절대자(혹은 신)의 원리가 궁극적인 조화를 이루는 세계로의 〈순례〉와 그 목적으로 상정된 '제국의 이상'과의 관계가 그렇다. 단테움을 구성하고 형식화한 주요 원리인 숫자 체계는 『신곡』의 7대 죄악, 11음보형식endecasillabo, 테르차 리마terza rima 등과 같은 운율과 리듬을 정교하게 반영한다. 혹자는 열렬한 파시스트이기도 했던 테라니의 시대인식을 논외로 하거나 폐기하고 싶은 유혹을 떨치기 어려울 것이다. 예컨대 특히 단테움에 구현된 '제국의 방'과 무솔리니에 대한 헌정부분이 그렇다. 하지만 독자가 단테의 『제정론』에 대한 기본 지식을 갖추고 있다면, 시대적 맥락과 관련하여 테라니의 선택을 어느 정도 이해할 수 있을 것이다. 테라니가 「보고서」에서 명확히 밝히고 있듯이 그가 이루고자 했던 제국의 중심은 이탈리아 로마였고 이런 사유의 기본바탕은 정확히 단테에게서 비롯된다는 고백은 결코 우연이 아니다. 그것은 정확히 시대에 대한 '응답-가능성responsibility'이었다.

테라니의 고백이 있은 지 불과 백년도 지나지 않았다. 하지만 오늘날 대부분의 학문분과는 이러한 책임의식에 크게 주목하지 않는다. 이것이야말로 우리 사회에서 '비판의식'이 실종되어 가는 가장 큰 원인일 것이다. 문학작품으로서의 『신곡』과 현실화되지 못한 건축 단테움의 가장 의미심장한 교차점은 단언컨대 '현실 비판적 상상력'에 있다. 또 여기에 의미를 부여할 수 있도록 하는 지점은 '거짓역량 puissance du faux'이라 일컫는 부분일 테다. 이를테면 진실이라 믿는 것—이데올로기나 스테레오타입과 같은 것들—에 충격을 가하고 현실세계의 '공백'을 노출시킨다는 점에서 그렇다. 또 하나 기억해야 할 것이 있다. 비록 단테움이라는 건축 작품이 이 책의 주된 소재이긴 하지만 그 뒤에 어른거리는 단테의 그림자는 비교할 수 없을 만큼 크고 압도적이라는 사실이다. 이 책을 통해 우리는 '하나의' 해석을 흥미롭게 따라가 볼 수 있을 것이다. 하지만 진짜 해석이 과제로 남아있다. 다름 아닌 독자가 '새롭게' 열어야 할 해석인 것이다. 문학에서든 건축에서든 '인문학적 사유'라 일컫는 그런 해석 말이다.

송종열